高等学校教材

概率论与数理统计

东华大学概率统计教研组 编

高等教育出版社·北京

内容提要

本书强调概率论与数理统计的应用性，主要包括概率与统计简介、描述统计学、概率论的基础、随机变量的概率分布与数字特征、几种常见的分布、统计量的分布、参数估计、假设检验和线性回归等内容。书中主要统计计算使用 Excel 软件完成。学习本书的主要理论仅需要读者具有一元微积分的数学基础。

本书可作为高等学校非数学类专业“概率论与数理统计”课程的教材，也适合科技工作者自学与参考。

图书在版编目（C I P）数据

概率论与数理统计 / 东华大学概率统计教研组编
. -- 北京 ：高等教育出版社，2017. 1 (2023 . 2 重印)
ISBN 978-7-04-046861-8

Ⅰ. ①概… Ⅱ. ①东… Ⅲ. ①概率论－高等学校－教材②数理统计－高等学校－教材 Ⅳ. ① O21

中国版本图书馆 CIP 数据核字（2016）第 280842 号

概率论与数理统计
Gailülun yu Shuli Tongji

策划编辑 张彦云　责任编辑 张彦云　封面设计 姜 磊　版式设计 马敬茹
插图绘制 黄云燕　责任校对 李大鹏　责任印制 朱 琦

出版发行 高等教育出版社
社　　址 北京市西城区德外大街4号
邮政编码 100120
印　　刷 保定市中画美凯印刷有限公司
开　　本 787mm×960mm 1/16
印　　张 14.75
字　　数 220 千字
购书热线 010-58581118
咨询电话 400-810-0598
网　　址 http://www.hep.edu.cn
　　　　 http://www.hep.com.cn
网上订购 http://www.hepmall.com.cn
　　　　 http://www.hepmall.com
　　　　 http://www.hepmall.cn
版　　次 2017 年 1 月第 1 版
印　　次 2023 年 2 月第 8 次印刷
定　　价 28.40 元

物 料 号 46861-00

前言

自从 20 世纪末我国高等教育大规模扩招以来, 学生的学习能力和发展方向的差异性增大。对于一部分有志考研的学生, 大学数学教学必须遵从考研大纲的要求, 着重数学理论的系统性和严谨性培养, 而对于大部分其他学生, 学习数学的主要目的是为后续专业课程的学习打下基础, 从而对教学内容选择的灵活性就更大一些。本教材是我们近几年来在东华大学实施 "分流培养、分层教学、分类成才" 的教学改革实践中编写而成的, 主要面向不考研的学生, 强调概率论与数理统计课程的应用性和统计软件的使用。

与目前国内概率论与数理统计的主流教材相比, 本教材具有如下特色:

(1) 内容包含了描述统计学和线性回归这两个应用统计学的重要内容。这两部分内容在多数教材中往往不出现或者是在教学实践中来不及安排的。

(2) 删除了部分数学理论推导较复杂的内容。例如, 对于多维随机变量, 主要介绍二维离散型随机变量的联合分布律, 在此基础上引入独立性和协方差等概念; 而对于多维连续型随机变量, 仅介绍密度函数和独立性的基本概念, 但没有布置这方面的习题。在区间估计和假设检验中仅介绍单个总体均值的估计和检验, 略去了比较复杂的两个正态总体的估计和检验, 我们相信这些简化不会影响学生对于概率论和数理统计基本思想的理解。这样处理也使得本教材只要求学生预先学过一元微积分, 不需要多元微积分和线性代数的知识, 因而可在大学一年级的第二学期安排课程教学。

(3) 尽管本教材不强调数学上的严密性, 但对所有理论的由来都给出了推导过程, 而不是直接给出定理的结果。例如, 本书对正态分布的独立可加性给出了一个简单却又完整的证明。我们还利用蒙特卡罗方法, 画出独立均匀分布和的直方图, 从而较自然地呈现出中心极限定理的正态分布曲线。又如, 关于样本方差的分布以及回归模型残差平方和的分布, 我们是从与卡方分布定义作类比的方法得到的。这个方法很自然, 学生容易理解, 尽管它不是数学上的严格证明 (该证明需要利用正交矩阵)。

(4) 将 Excel 软件与教学内容有机地结合起来。Excel 是大部分学生都熟悉的办公自动化软件, 易于上手。首先, 我们介绍了它的一些描述统计函数, 如均值和标准差等, 这使学生更容易处理较大规模数据样本的统计计算及其可视化表达。其次, 我们利用它的概率分布计算函数, 可避免查询很多统计分位数表。同时, 在假设检验中, 我们主要采用 p 值检验法而不是临界值检验法, 前者是绝大多数统计软件采用的方法。另外, 我们还利用 Excel 随机数生成函数来介绍蒙特卡罗模拟, 并由此引出中心极限定理。与此同时, 我们并不追求对 Excel 软件统计功能的完整介绍, 没有介绍怎样利用 Excel 软件直接得出一些假设检验和回归分析的计算结果, 因为这毕竟不是本课程的主要目的。教材中采用的是 Excel 2007 版, 其中的函数在更高的版本中是被兼容的。在附录中, 我们还给出了 2007 版与 2010 版函数的对照表。

对于部分可选的内容, 我们用 ★ 号作标记, 略过这些内容基本不会影响后续内容的学习。如果不包括打 ★ 号的部分, 本教材的全部内容可以用 40 学时 (每学时 45 分钟) 讲完, 大致分配如下表。学时较充裕时, 建议教师也讲解一些打 ★ 号的内容, 这可使得课程内容的体系更完整。

章	1	2	3	4	5	6	7	8	9
学时	1	2	5	8	7	5	4	4	4

此外, 除了纸质教材内容, 我们还通过扫描二维码链接的网址介绍了一些补充内容供学生自学。补充内容主要包含两部分: 第一部分是课本上介绍的 Excel 函数的操作演示视频, 这是教师不方便在课堂上介绍的; 另一部分是一些较深入内容的讲解, 主要提供给部分希望在理论上要求更高的读者 (比如考研学生) 选学。

本书第 1、6 章由胡良剑编写, 第 2 章由姜荣编写, 第 3 章由谢臻赟编写, 第 4 章由闫理坦编写, 第 5 章由何坤、葛勇编写, 第 7 章由陆允生编写, 第 8 章由赵伟国、刘欣编写, 第 9 章由童金英、张振中编写。全书由胡良剑、陈珊敏、孙晓君全面修改和统稿,并制作网络补充内容。

由于编者水平有限,书中不妥之处在所难免,请各位专家、读者不吝指正。

编者

2016 年 9 月于东华大学

目录

第 1 章 概率与统计简介

统计学是研究如何收集、整理、分析和解释数据, 并从数据中得出结论的科学. 它的历史可追溯到公元前 3 世纪的古希腊, 起源于研究社会经济问题. 统计学的英文单词 statistics 源于现代拉丁文 statisticum collegium (国会) 以及意大利文 statista (政治家), 代表对国家的资料进行分析的学问. 在统计中, 我们把感兴趣的研究对象称为总体. 例如, 某企业近三年来每个月的总产值, 某连锁宾馆各分店某一天入住的顾客数等. 在古典统计学中, 总体就是所有的观测数据. 我们对这些数据进行汇总, 得到简明扼要的结果, 从而获取总体的本质特征. 这类对数据的整理, 描述和表达的方法统称为描述统计学 (descriptive statistics).

例 1.0.1 某寄宿制中学有 100 名男生, 测得其身高 (单位: cm) 和体重 (单位: kg) 数据如表 1.1, 求这 100 名男生的平均身高和平均体重, 并描述其分布特征.

表 1.1 100 名男生的身高和体重数据

编号	身高	体重	编号	身高	体重	编号	身高	体重	编号	身高	体重
1	167	50	9	162	53	17		62	25	173	66
2	179	63	10	177	67	18	171	63	26	179	69
3	168	54	11	179	68	19	169	56	27	172	59
4	187	79	12	172	61	20	167	64	28	169	59
5	173	62	13	170	58	21	169	64	29	167	56
6	176	70	14	177	67	22	166	53	30	163	51
7	170	57	15	172	62	23	163	50	31	158	44
8	170	57	16	166	53	24	175	66	32	175	69

续表

编号	身高	体重	编号	身高	体重	编号	身高	体重	编号	身高	体重
33	174	61	50	166	50	67	169	51	84	175	66
34	159	53	51	174	61	68	171	54	85	168	55
35	160	47	52	166	48	69	175	63	86	163	57
36	168	63	53	167	55	70	173	65	87	170	63
37	169	53	54	177	65	71	175	72	88	177	
38	171	63	55	162	62	72	162	47	89	172	58
39	160	51	56	182	70	73	172	62	90	167	58
40	165	53	57	171	60	74	170	63	91	169	59
41	174	63	58	175	58	75	171	68	92	171	63
42	164	53	59	179	66	76	174	61	93	179	65
43	180	73	60	172	61	77	173	65	94	168	58
44	170	58	61	174	61	78	159	48	95	160	45
45	175	68	62	160	45	79	170	68	96	165	52
46	1580	55	63	164	57	80	179	66	97	167	53
47	174	67	64	176	60	81	167	51	98	164	56
48	162	50	65	182	73	82	174	65	99	156	45
49	172	63	66	173	59	83	170	52	100	166	50

解　首先对原始数据作清理, 删除或修复一些残缺或错误的数据, 以免影响后续的分析. 编号 17 的身高数据和编号 88 的体重数据残缺, 我们将这两条学生记录删除, 这样还剩余 98 条记录. 我们还注意到, 编号 46 的身高数据 1580 cm 出现了单位错误, 所以将它修正为 158 cm. 由于原始数据相当琐碎, 不易看出数据的分布特征, 我们需要用适当方法进行汇总.

例 1.0.1
Excel 演示

数据的描述分为图形可视化描述和统计量数字化描述两类方法. 将清理后的 98 组数据依次写入 Excel 表格的某两列, 用 Excel 函数 average 计算得身高均值 170 cm 和体重均值 59.17 kg. 用函数 min 计算得身高最小值 156 cm 和体重最小值 44 kg. 用函数 max 计算得身高最大值 187 cm 和体重最大值 79 kg. 进一步, 我们将数据按大小适当分为若干组, 利用 Excel 数据分析工具计算各组的频数并画出直方图. 身高数据的分组和直方图见图 1.1, 体重数据的分组和直方图见图 1.2. 直方图直观地反映了这批数据的分布特征, 在均值附近数据有较高的频数, 而靠近最小值或最大值附近频数较低.

□

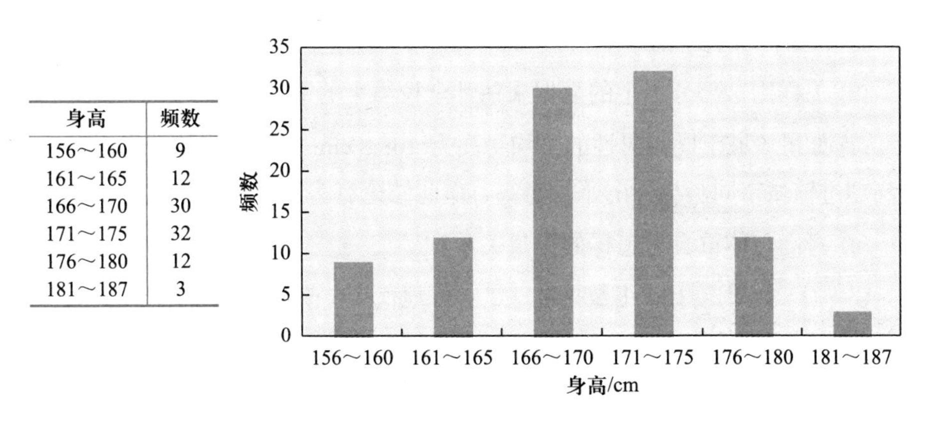

身高	频数
156～160	9
161～165	12
166～170	30
171～175	32
176～180	12
181～187	3

图 1.1　身高数据分组和直方图

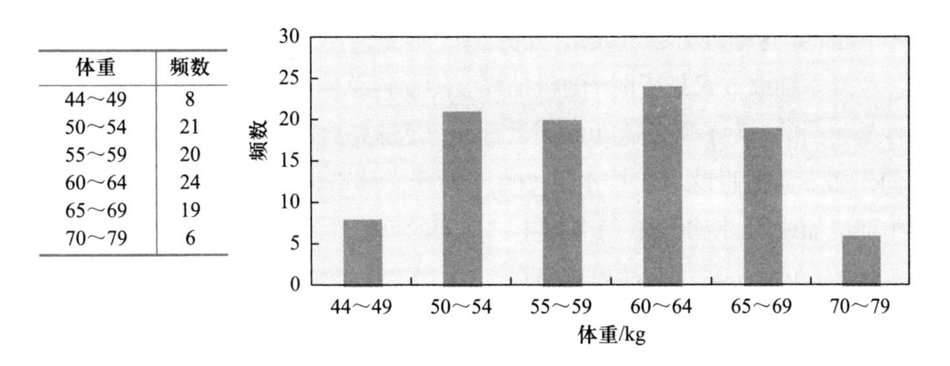

体重	频数
44～49	8
50～54	21
55～59	20
60～64	24
65～69	19
70～79	6

图 1.2　体重数据分组和直方图

随着时代的发展, 统计学已延伸到商业、医疗、自然以及社会科学等领域. 总体的数据量变得越来越大, 收集总体中所有个体的数据费时费力, 成本过高, 甚至成为不可能完成的任务. 例如, 总体是上海市的所有居民, 或东风汽车集团生产的所有汽车, 或中央电视台春节联欢晚会的所有观众等. 这时, 我们可以抽取一部分个体的数据来进行研究, 这部分个体称为样本. 如果统计方法使用得当, 利用这一小部分样本数据仍然可以得到关于总体的正确结论. 利用少量样本数据来对未知总体作出推断的方法, 称为推断统计学 (inferential statistics).

例 1.0.2　为了调查某寄宿制中学 900 多名男生的身体素质情况, 抽取了 100 名男生, 测得身高和体重数据如表 1.1, 现要求研究下列问题:

(1) 是否可以用这 100 名男生的数据来推测全校 900 多名男生的身高和体重? 需要怎样的前提假设?

(2) 怎样用这部分男生的数据来估计全校男生的平均身高? 精确度如何?

(3) 如果该城市同龄男性的平均身高为 168.8 cm, 能否认为该校男生的平均身高超过该城市同龄男性的平均身高? 作此结论有多大把握?

(4) 身高与体重具有怎样的数量关系?

解　(1) 如果这 100 组数据能 “足够好地代表” 该中学的全体男生, 我们可以相信能用这批数据来对全校的情况作出推测. 但是, 怎样判断样本是否 “足够好” 呢? 这与样本的数量和抽取方式有关. 一方面, 因为这所中学有 900 多名男生, 只抽取 10 名男生就显得太少了, 而 100 名男生从数量上看应该是够了. 另一方面, 如果这 100 名男生都是从高年级选取或者很多是从篮球队员中选取也是不合适的, 这样势必会造成估计的身高、体重偏高. 保证样本质量 “足够好” 的一个样本抽取方式是所谓 “随机抽样”, 即使得总体中的每个个体被抽到的可能性是相同的. 为了保证这 100 组数据能 “足够好地代表” 该中学的全体男生, 我们作如下前提假设: (i) 样本量 100 个对于总体来说足够大; (ii) 样本是从总体中随机抽取的, 使得全校每名男生被抽到的可能性基本上是一样的.

(2) 如果第 (1) 小题前提假设成立, 一个合理的想法就是用样本的平均值 170 cm 来作为全校男生平均身高的估计. 可以理解的是, 这样估计必定会存在误差, 那么这个误差有多大呢? 这是一个难以回答的问题.

(3) 这 100 名男生身高的样本平均值为 170 cm, 超过了该城市同龄男性的平均身高 168.8 cm. 如果第 (1) 小题前提假设成立, 我们似乎应该认定该校男生的平均身高超过 168.8 cm. 但由于样本只是全校男生的一小部分, 我们并不能断定这一结论是正确的. 即使全校男生的平均身高实际上不超过 168.8 cm, 也有可能由于样本抽取的偶然性造成平均值偏大. 那么, 有多大把握肯定这一结论呢? 这也是一个难以回答的问题.

(4) 为了探讨身高与体重的关系, 我们用 Excel 软件作出散点图, 加上线性趋势线, 并显示公式, 得到图 1.3. 如果第 (1) 小题前提假设成立, 我们有理由相信这批数据显示的身高与体重的关系也适用于这所学校的全体男生. 该图显示, 总体上说身材较高的人体重也是偏重的, 但身高与体重之间并没有很规则的数量关系. 有的人与比他矮的人相比还要轻一些, 如编号 19 的人比编号 20 的人高了 2 cm, 体重却少了 8 kg. 趋势线给出了体重 y 与身高 x 之间的大致函数关系. 趋势线上方的点代表偏胖的学生, 下方的点代表偏瘦的学生. 公式 $y = 1.0178x - 113.85$ 还告诉我们, 身高长 1 cm, 体重会重 1.0178 kg 左右. 利用这个公式我们还可以修复残缺的数据. 编号 17 的学生体重 $y = 62$ kg, 可推测其身高在 $x = (y + 113.85)/1.0178 = 172.77$ (cm) 左右. 编号 88 的学生身高 $x = 177$ cm, 有理由相信其体重在 $y = 1.0178x - 113.85 = 66.3$ (kg) 左右. □

例 1.0.2
Excel 演示

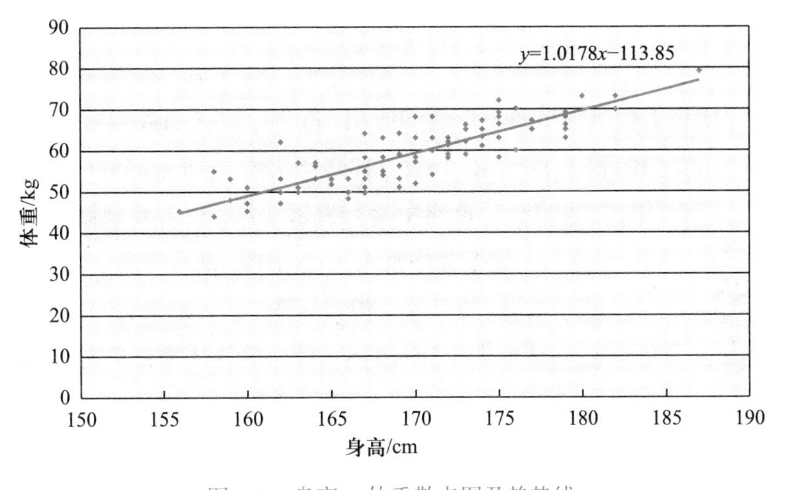

图 1.3　身高 – 体重散点图及趋势线

由于样本的选取带有不确定性, 评估样本推断总体的效果不是一件容易的事情, 需要较深刻的数学理论来支撑. 数理统计学 (mathematical statistics) 就是推断统计学的理论依据. 与古典统计学不同的是, 数理统计学认为总体是一个数学模型 (代表一大批未知的数据), 样本则是从总体抽取出来的一部分观测数据. 古典统计学与数理统计学的区别见图 1.4 和图 1.5.

数理统计学主要建立在研究不确定现象的数学理论 —— 概率论 (probability theory) 的基础上. 概率论不仅是数理统计学的理论基础, 还在金融、保险、计

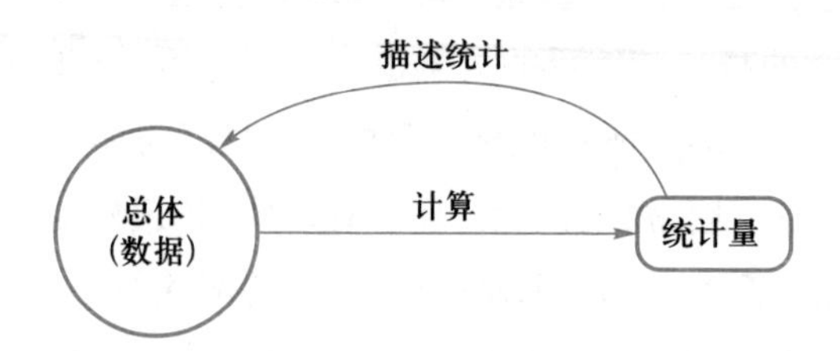

图 1.4 古典统计学

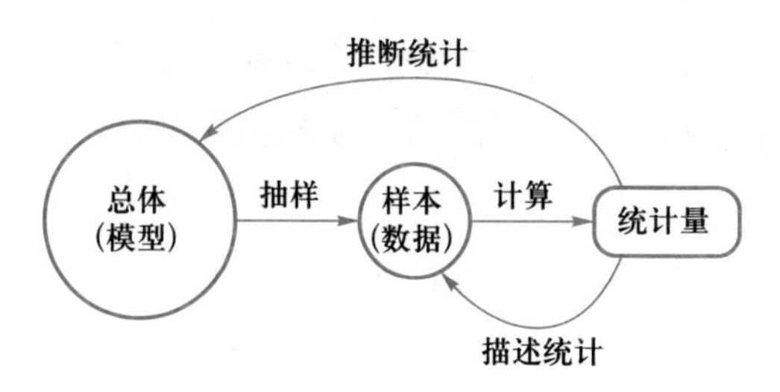

图 1.5 数理统计学

算机科学、信息工程等领域具有广泛的应用. 概率论由法国数学家帕斯卡 (Pascal, 1623—1662) 和费马 (Fermat, 1601—1665) 创建, 这可追溯到公元 17 世纪, 当时在法国宫廷贵族中盛行掷骰子游戏, 游戏规则是玩家连续掷 4 次骰子, 如果其中没有 6 点出现, 则玩家赢, 如果出现一次 6 点, 则庄家赢. 按照这一游戏规则, 从长期来看, 庄家扮演赢家的角色, 而玩家大部分时间是输家, 因为庄家总是要靠此为生的, 而当时人们也接受了这种现象. 后来为了使游戏更刺激, 游戏规则发生了些许变化, 玩家用 2 个骰子连续掷 24 次, 如果不同时出现 2 个 6 点, 玩家赢, 否则庄家赢. 当时人们普遍认为, 出现 2 个 6 点的概率是出现一个 6 点的概率的 $\frac{1}{6}$, 因此 6 倍于前一种规则的次数, 也就是掷 24 次时赢或输的概率与以前是相等的. 然而事实却并非如此, 从长期来看, 此时庄家处于输家的状态, 于是他们去请教当时的数学家帕斯卡, 希望他对这种现象作出解释, 由此, 帕斯卡在与费马的相互通信中建立了古典概率论.

概率论的起源与发展

瑞士数学家伯努利 (Bernoulli, 1654—1705) 建立了概率论的第一个极限定理 (即伯努利大数定律), 阐明了事件的频率稳定于它的概率. 随后法国数学家棣莫弗 (De Moivre, 1667—1754) 和拉普拉斯 (Laplace, 1749—1827) 又导出了

第二个极限定理 (即中心极限定理) 的原始形式. 拉普拉斯在系统总结前人工作的基础上写出了《分析的概率理论》, 明确给出了概率的古典定义, 并引入了更有力的分析工具, 将概率论推向一个新的发展阶段. 19 世纪末, 俄罗斯数学家切比雪夫 (Chebyshëv, 1821—1894)、马尔可夫 (Markov, 1856—1922)、李雅普诺夫 (Lyapunov, 1857—1918) 等人用分析方法建立了大数定律及中心极限定理的一般形式, 科学地解释了为什么实际中遇到的许多随机变量近似服从高斯钟形曲线 (即正态分布). 其他对概率论的发展做出重要贡献的还有荷兰物理学家惠更斯 (Huygens, 1629—1695), 英国数学家贝叶斯 (Bayes, 1702—1761) 和法国数学家泊松 (Poisson, 1781—1840) 等. 20 世纪初受物理学的驱动, 人们开始研究随机过程. 这方面俄罗斯的辛钦 (Khinchin, 1894—1959) 和柯尔莫戈洛夫 (Kolmogorov, 1903—1987)、美国的维纳 (Wiener, 1894—1964) 和费勒 (Feller, 1906—1970) 及法国的列维 (Lévy, 1886—1971) 等人做出了杰出的贡献.

19 世纪中叶以前科学家已经开展了数理统计学的若干重要工作, 如德国数学家高斯 (Gauss, 1777—1855) 和法国数学家勒让德 (Legendre, 1752—1833) 关于观测数据误差分析和最小二乘法的研究. 数理统计学发展成一门成熟的学科, 则是 20 世纪上半叶的事, 它在很大程度上要归功于英国数学家皮尔逊 (Pearson, 1857—1936) 和费希尔 (Fisher, 1890—1962) 等学者的工作. 1946 年瑞典统计学家克拉默 (Cramer, 1893—1985) 发表的《统计学数学方法》是第一部严谨且比较系统的数理统计学著作, 可以把它作为数理统计学进入成熟阶段的标志. 其他对数理统计学的发展做出重要贡献的人还有比利时统计学家凯特勒 (Quetelet, 1796—1874), 英国科学家高尔顿 (Galton, 1822—1911), 英国化学家戈塞特 (Gosset, 1876—1937), 英国心理学家斯皮尔曼 (Spearman, 1863—1945) 和美国统计学家奈曼 (Neyman, 1894—1981) 等.

20 世纪后半叶以来, 概率与统计已广泛应用于科学、工程、经济、社会等各个领域. 近几十年间, 计算机技术的不断发展提高了统计工作的效能, 使统计科学和统计工作发生了革命性的变化. 如今, 统计软件 Excel、SPSS、SAS 和 R 等已经成为统计学不可分割的组成部分. 随着大数据时代的来临, 统计理论与实践的深度和广度方面也不断拓展, 统计学与信息、计算机等学科相结合, 成为数据科学的重要支柱.

本书第 2 章将介绍描述统计学方法, 第 3 至第 5 章介绍概率论, 第 6 至第 9 章介绍数理统计学. 其中第 6 章介绍统计量的分布, 是从概率论到数理统计的桥梁. 第 7 章解决类似例 1.0.2 第 (2) 小题的参数估计问题. 第 8 章解决类似例 1.0.2 第 (3) 小题的假设检验问题. 第 9 章解决类似例 1.0.2 第 (4) 小题的回归分析问题.

习题

1. 下周将要举行一次选举, 报社提前在所有选民中抽取 1000 个人进行调查, 以期对优胜者做预测, 如下抽取的样本哪些更具代表性?

(1) 在市中心豪华餐厅用餐的适龄人群中随机选取询问;

(2) 在已登记在册的选民中随机选取询问;

(3) 使用微信公众号进行调查, 使用者自愿注册投票;

(4) 按手机号码随机选人, 并打电话询问.

2. 为调查你居住的城市吸烟人群的比例, 决定在下列地点选取抽样人群:

(1) 台球房;

(2) 保龄球馆;

(3) 购物中心;

(4) 图书馆.

上述的这些抽样地点你认为哪一个最有可能使得样本的分布比例最合理? 为什么?

3. 一个大学计划对最近毕业的几千名学生进行调查, 以确定他们的年收入, 随机选择 200 个近期毕业生并向他们递送与其目前工作相关的调查问卷. 200 个被调查者中有 60 个回复. 假设报告中所得的平均月收入为 8000 元人民币.

(1) 该大学能否认为 8000 元人民币是所有毕业生的平均月收入的较好的近似? 请说明理由;

(2) 如果问题 (1) 的回答是否定的, 你能给出较合理的条件, 使得问卷返回的结果能成为较好的近似吗?

4. 一篇关于夜晚死于车祸的人的穿着情况的文章指出约 80% 的受害者穿

深色衣服, 另外 20% 穿浅色衣服. 该文因此得出结论, 夜晚穿浅色衣服较为安全.

(1) 此结论合理吗? 请解释理由;

(2) 如果问题 (1) 的回答是否定的, 那么在得出结论前应附加什么样的条件?

5. 现在要从全校 5 个学院共 5000 名学生中抽取 50 个学生来进行英语水平测试, 以检查该校的英语教学质量. 你认为下列哪些抽样方式是适当的?

(1) 将 5000 个学生按学号排序, 抽取前 50 个学生;

(2) 将 5000 个学生按学号排序, 在前 100 个中随机选取一个学生, 然后依次每隔 100 位选取一个学生;

(3) 将 5000 个学生进行编号, 把号签放在一个不透明的容器内搅拌均匀, 从中逐个抽取 50 个作为样本;

(4) 由每个学院上报 10 位学生参加测试.

第 2 章 描述统计学

本章介绍描述统计学的方法, 包括数据的描述和汇总. 我们所研究的数据集是某个物理量的多个观测值, 称为一组样本. 同一组样本中的数据应有相同的度量单位. 例如, 一批学生的身高数据 (单位: cm) 可以构成一组样本, 他们的体重数据 (单位: kg) 构成另一组样本. 但是, 将身高数据与体重数据没有规律地混合在一起的数据集是没有意义的, 不能构成样本.

2.1 数据的描述

怎样才能快速获得数据的内在信息及其特征? 多年来, 人们发现表格和图形是呈现数据非常有用的方式, 且往往能揭示数据的重要特征: 如数据的范围、集中程度和对称性. 本节我们介绍一些常用于描述数据的图形和表格.

2.1.1 频数表和频数图

在数据个数较多时, 为了解数据的分布规律, 可编制频数分布表, 简称频数表. 例如, 表 2.1 是 100 位大学女生穿鞋的尺寸 (脚长: cm) 的频数表, 从表 2.1

表 2.1 穿 鞋 尺 寸

穿鞋尺寸/cm	21.5	22.0	22.5	23.0	23.5	24.0	24.5	25.0	25.5	26.0
频数	3	6	10	18	28	15	10	6	3	1

可以看出, 最小尺寸为 21.5 cm, 有 3 位女生; 而只有 1 位女生的穿鞋尺寸最大, 为 26.0 cm. 最常见的脚长为 23.5 cm, 有 28 位女生是这个尺寸.

频数表中的数据可以用柱形图表示, 此时, 横坐标是数据值, 而用垂直线的高度表示频数. 图 2.1 是表 2.1 中数据的柱形图. 另一种表示频数表的图形是频数折线图, 作法如下: 以数据值为横坐标, 对应的频数为纵坐标描点, 并用直线连接. 图 2.2 是表 2.1 中数据的频数折线图.

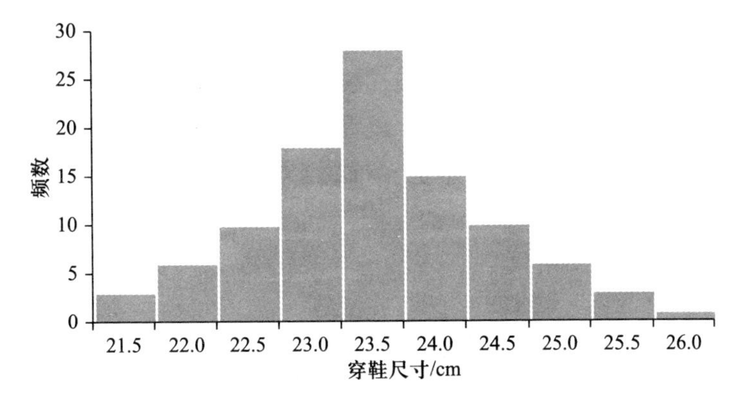

图 2.1　穿鞋尺寸数据的柱形图

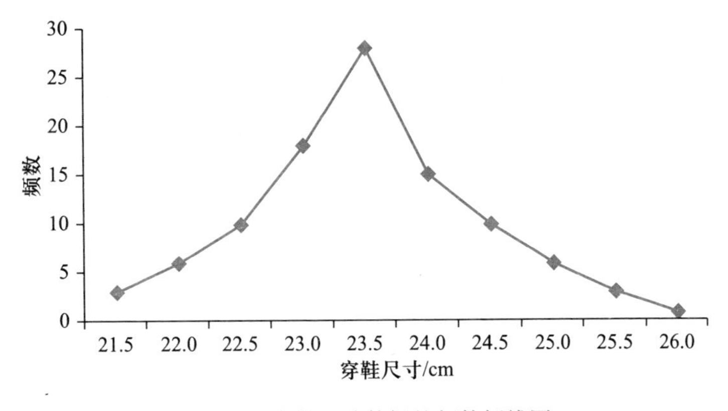

图 2.2　穿鞋尺寸数据的频数折线图

2.1.2　频率表和频率图

设一个样本有 n 个数据. 如果 f 是其中某个数据的频数, 则其相对频数或频率为 f/n. 某一数据的频率即为该数据在总体中所占的比重. 频率可以用频率柱形图或频率折线图表示.

例 2.1.1 表 2.2 是表 2.1 中数据的频率表. 可以通过表 2.1 中的频数除以样本总数 100, 得到频率.

表 2.2 穿鞋尺寸的频率

穿鞋尺寸/cm	21.5	22.0	22.5	23.0	23.5	24.0	24.5	25.0	25.5	26.0
频率	0.03	0.06	0.10	0.18	0.28	0.15	0.10	0.06	0.03	0.01

例 2.1.1

Excel 演示

饼图是呈现频率的常用图形. 饼图一般用来描述和表现各成分占全体的百分比. 用圆盘表示全体数据, 然后切成不同的扇形区域; 每个扇形区域的面积大小等于圆的总面积乘以其对应数据的频率.

例 2.1.2 图 2.3 是表 2.2 中数据的饼图.

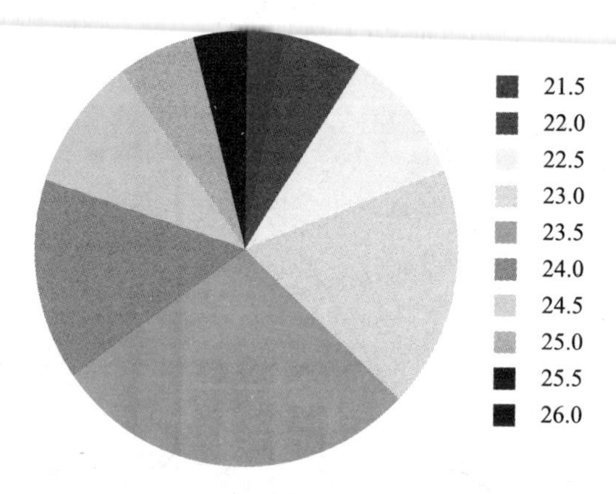

图 2.3 穿鞋尺寸数据的饼图

2.1.3 分组数据、直方图和累积频数曲线

从 2.1.1 及 2.1.2 节可以发现, 频数的柱形图是描述一个数据集的有效途径. 然而, 对于不同数值太多的数据集就不适合使用上述方法. 这时, 常把数据分成不同的组, 然后根据每个组内样本的个数画图. 组个数的选择应该注意两点: (1) 组太少会导致信息损失过多; (2) 组太多会影响数据规律的呈现. 一般取组距的间隔相等, 组的个数为 5 至 10 个. 端点处采用保留右端点原则, 即区间包

含其右端点但不含其左端点. 分组数据的柱形图称为直方图. 直方图的纵坐标为组频数 (或组频率) 时分别称为频数直方图 (或频率直方图). 有时我们感兴趣的是累积频数图 (或累积频率图), 此时, 横坐标的一点代表一个数据值, 而其纵坐标的值是小于等于该值的累积频数 (或累积频率).

例 2.1.3 表 2.3 给出了 200 个白炽灯的寿命数据. 将其进行适当的分组, 并作频率直方图和累积频率图.

表 2.3 200 个白炽灯的寿命 单位: h

1067	919	1196	785	1126	936	918	1156	920	948
855	1092	1162	1170	929	950	905	972	1035	1045
1157	1195	1195	1340	1122	938	970	1237	956	1102
1022	978	832	1009	1157	1151	1009	765	958	902
923	1333	811	1217	1085	896	958	1311	1037	702
521	933	928	1153	946	858	1071	1069	830	1063
930	807	954	1063	1002	909	1077	1021	1062	1157
999	932	1035	944	1049	940	1122	1115	833	1320
901	1324	818	1250	1203	1078	890	1303	1011	1102
996	780	900	1106	704	621	854	1178	1138	951
1187	1067	1118	1037	958	760	1101	949	992	966
824	653	980	935	878	934	910	1058	730	980
844	814	1103	1000	788	1143	935	1069	1170	1067
1037	1151	863	990	1035	1112	931	970	932	904
1026	1147	883	867	990	1258	1192	922	1150	1091
1039	1083	1040	1289	699	1083	880	1029	658	912
1023	984	856	924	801	1122	1292	1116	880	1173
1134	932	938	1078	1180	1106	1184	954	824	529
998	996	1133	765	775	1105	1081	1171	705	1425
610	916	1001	895	709	860	1110	1149	972	1002

解 将数据列在 Excel 表的某一列, 从小到大排序. 最小值 521, 最大值 1425. 考虑区间 (500, 1500], 将其 10 等分, 端点处采用保留右端点原则, 由此计算各组的数据频数, 得到表 2.4 前 3 列的分组频数表. 表 2.4 的频数除以数据总数 200, 得到第 4 列的频率, 并计算得第 5 列的累积频率. 按表 2.4 中的频率数据作柱

形图, 得到数据的直方图 (图 2.4). 图 2.5 是数据的累积频率图. 从图 2.5 的曲线可以看出约 20% 数据小于等于 900 h, 约 70% 数据小于等于 1100 h 等信息. □

例 2.1.3

Excel 演示

表 2.4 分组频数表

序号	组距	频数	频率	累积频率
1	500~600	2	0.01	0.01
2	600~700	5	0.025	0.035
3	700~800	12	0.06	0.095
4	800~900	26	0.13	0.225
5	900~1000	58	0.29	0.515
6	1000~1100	40	0.2	0.715
7	1100~1200	43	0.215	0.93
8	1200~1300	7	0.035	0.965
9	1300~1400	6	0.03	0.995
10	1400~1500	1	0.005	1

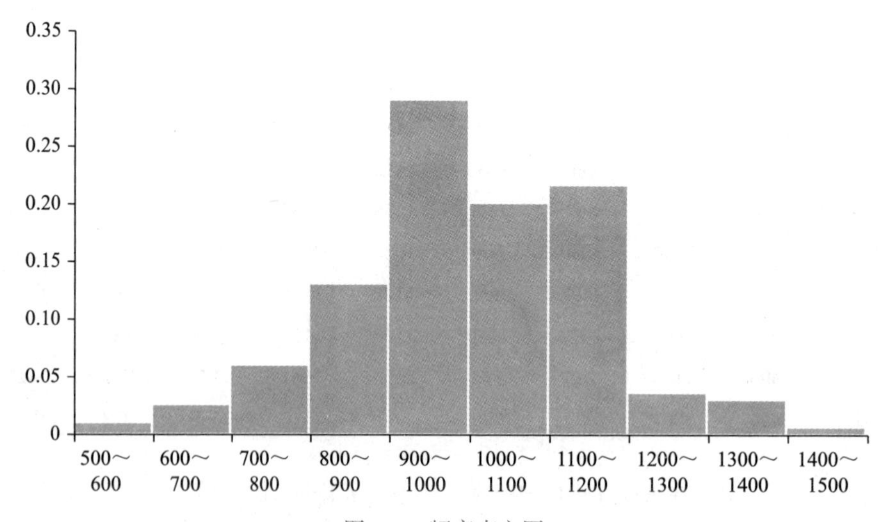

图 2.4 频率直方图

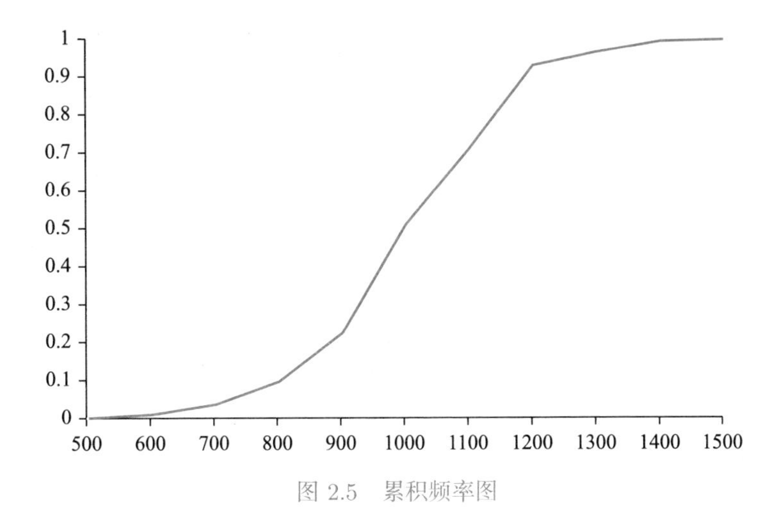

图 2.5 累积频率图

2.2 数据的汇总

现代统计学常常面临海量的数据, 但数据本身的细节往往并不是我们感兴趣的, 我们研究数据的目的是要从中挖掘出一些有用的信息. 本节将介绍一些用于描述样本数据特征的统计量. 统计量的值由样本观测值计算得到.

2.2.1 样本均值、样本中位数和样本众数

本小节介绍一些用于描述数据中心位置的统计量.

定义 2.2.1 设有样本 $x_1,x_2,\cdots,x_n$, 其样本均值 $\bar{x}$ 定义为

$$\bar{x}=\frac{1}{n}\sum_{i=1}^{n}x_i.$$

样本均值的计算往往可以简化, 若有常数 a 和 b 使得

$$y_i=a+bx_i,\quad i=1,\cdots,n,$$

则 $y_1,y_2,\cdots,y_n$ 的样本均值为

$$\bar{y}=\frac{1}{n}\sum_{i=1}^{n}(a+bx_i)=\frac{1}{n}\sum_{i=1}^{n}a+\frac{1}{n}\sum_{i=1}^{n}bx_i=a+b\bar{x}.$$

例 2.2.1 以下是 2015 赛季中国足球协会超级联赛 16 支球队的积分:

$$67, 65, 59, 56, 46, 42, 39, 35, 35, 35, 33, 31, 31, 31, 29, 17,$$

计算其样本均值.

解 为了简化计算, 先将每个值减去 40, 得到新数据 $y_i = x_i - 40$:

$$27, 25, 19, 16, 6, 2, -1, -5, -5, -5, -7, -9, -9, -9, -11, -23,$$

可得 y_i 的样本均值为

$$\bar{y} = \frac{11}{16},$$

从而

$$\bar{x} = \bar{y} + 40 = 40.69.$$ □

有时需要计算频数表中数据的样本均值. 设有 k 个不同的值 $v_1, v_2, \cdots, v_k$, 对应的频数为 $f_1, f_2, \cdots, f_k$, 且 $n = \sum_{i=1}^{k} f_i$, 则其样本均值为

$$\bar{x} = \sum_{i=1}^{k} v_i \frac{f_i}{n} = \frac{f_1}{n} v_1 + \frac{f_2}{n} v_2 + \cdots + \frac{f_k}{n} v_k.$$

可以看出样本均值是不同值的加权平均, v_i 的权即为它的相对频数 $\frac{f_i}{n}$. 这一公式也可用于从分组数据或直方图来求样本均值的近似值, 这时 v_i 取每个组的中点.

例 2.2.2 计算表 2.1 中数据的样本均值.

解

$$\begin{aligned}\bar{x} = &(21.5 \times 3 + 22.0 \times 6 + 22.5 \times 10 + 23.0 \times 18 + 23.5 \times 28 + \\ &24.0 \times 15 + 24.5 \times 10 + 25.0 \times 6 + 25.5 \times 3 + 26.0 \times 1)/100 \\ = &23.51.\end{aligned}$$ □

另一个描述数据中心位置的统计量是样本中位数. 如将数据从小到大排序, 样本中位数就是居于中间位置的数值.

定义 2.2.2 将样本量为 n 的数据集由小到大排序. 如 n 是奇数, 则样本中位数就是第 $\frac{n+1}{2}$ 位置对应的值, 如 n 是偶数, 则样本中位数是第 $\frac{n}{2}$ 和第 $\frac{n}{2}+1$ 两位置对应值的平均值.

因此, 5 个数据的样本中位数是把数据从小到大排序后第 3 位置对应的值; 6 个数据的样本中位数是第 3 和第 4 位置对应值的平均值.

例 2.2.3 计算例 2.2.1 中数据的样本中位数.

解 由于有 16 个数据值, 因此把数据由小到大排序得到

$$17, 29, 31, 31, 31, 33, 35, 35, 35, 39, 42, 46, 56, 59, 65, 67.$$

样本中位数就是第 8 和第 9 位置对应值的平均值, 可得样本中位数为 35. □

样本均值和样本中位数是描述数据中心位置十分有用的统计量. 样本均值使用所有的数据值, 因此也容易受离群值影响. 所谓离群值是远离数据一般水平的特别大或特别小的值; 离群值也称为极端值或坏数据. 例如, 在例 1.0.1 的身高数据中, 编号 46 的学生身高 1580 cm 就是一个离群值. 离群值的产生, 首先可能是因为采集数据中产生的误差, 如记录的偏误、工作人员出现笔误、计算错误等, 其次可能是因为被研究现象本身由于受各种偶然的、非正常的因素影响而引起的. 例如在人口死亡数据中, 由于某年发生了地震、海啸和洪水等自然灾害, 使该年度死亡人数剧增, 形成离群值; 在股票价格中, 由于受某项政策出台或某种谣言的刺激, 都会出现暴涨或暴跌现象, 由此产生数据中的离群值. 样本中位数只利用一个或两个中间值, 因此不受离群值的影响. 样本均值和样本中位数哪个更实用取决于问题的实际背景.

例 2.2.4 上海某公司员工月工资情况如下:

职务	董事长	经理	职员
人数	1	1	23
月薪/万元	10	3	0.6

(1) 计算该公司员工工资的样本均值和样本中位数;

(2) 你认为哪个值更能反映该公司员工工资的实际水平?

解 (1) 样本均值为 $\bar{x} = (10 \times 1 + 3 \times 1 + 0.6 \times 23)/25 = 1.072$; 样本中位数是数据从小到大排序后的第 13 个位置的值 0.6.

(2) 由于绝大多数的员工月薪为 0.6 万元, 样本均值为 1.072 万元, 与绝大多数的员工月薪差距过大, 而样本中位数为 0.6 万元, 所以在这个问题中样本中

位数更能反映出该公司员工工资的实际水平. □

众数是数据中出现次数最多的数值, 是描述数据集中趋势的统计量.

例 2.2.5 以下是 40 个数据的频数表. 计算: (1) 样本均值; (2) 样本中位数; (3) 样本众数.

数值	130	150	160	170
频数	4	8	8	20

解 (1) 样本均值为 $\bar{x} = (130 \times 4 + 150 \times 8 + 160 \times 8 + 170 \times 20)/40 = 160$.

(2) 样本中位数是数据从小到大排序后第 20 和 21 个位置值的平均值, 为 165.

(3) 样本众数是 170, 该值的频数最多. □

2.2.2 样本方差和样本标准差

本小节介绍描述样本数据分散程度的统计量. 样本方差就是这样一个统计量, 定义为数据和样本均值之间距离平方和的平均值. 由于理论上的原因 (第 7 章将会具体说明), 平均值的分母是 $n-1$ 而不是 n, 其中 n 是数据的个数.

定义 2.2.3 数据集 $x_1, x_2, \cdots, x_n$ 的样本方差 s^2 定义为

$$s^2 = \frac{1}{n-1}\sum_{i=1}^{n}(x_i - \bar{x})^2,$$

而样本方差的平方根

$$s = \sqrt{s^2} = \sqrt{\frac{1}{n-1}\sum_{i=1}^{n}(x_i - \bar{x})^2}$$

称为样本标准差.

例 2.2.6 计算以下数据集 X 和 Y 的样本方差.

$$X: 3, 4, 6, 7, 10; \quad Y: -20, 5, 15, 24.$$

解 数据集 X 的样本均值为

$$\bar{x} = (3 + 4 + 6 + 7 + 10)/5 = 6,$$

样本方差为

$$s_x^2=[(-3)^2+(-2)^2+0^2+1^2+4^2]/4=7.5.$$

数据集 Y 的样本均值为

$$\bar{y}=(-20+5+15+24)/4=6,$$

样本方差为

$$s_y^2=[(-26)^2+(-1)^2+9^2+18^2]/3\approx 360.67.$$

虽然两个数据集具有相同的样本均值, 但数据集 Y 比数据集 X 更分散.

□

下列代数恒等式经常用来计算样本方差.

$$\sum_{i=1}^{n}(x_i-\bar{x})^2=\sum_{i=1}^{n}x_i^2-n\bar{x}^2. \tag{2.2.1}$$

这是因为

$$\begin{aligned}\sum_{i=1}^{n}(x_i-\bar{x})^2&=\sum_{i=1}^{n}(x_i^2-2x_i\bar{x}+\bar{x}^2)\\&=\sum_{i=1}^{n}x_i^2-2\bar{x}\sum_{i=1}^{n}x_i+\sum_{i=1}^{n}\bar{x}^2\\&=\sum_{i=1}^{n}x_i^2-2n\bar{x}^2+n\bar{x}^2=\sum_{i=1}^{n}x_i^2-n\bar{x}^2.\end{aligned}$$

样本方差的计算也可以简化, 如果

$$y_i=a+bx_i,\quad i=1,\cdots,n,$$

则 $\bar{y}=a+b\bar{x}$, 且

$$\sum_{i=1}^{n}(y_i-\bar{y})^2=b^2\sum_{i=1}^{n}(x_i-\bar{x})^2,$$

设 s_y^2 和 s_x^2 是对应的样本方差, 则

$$s_y^2=b^2s_x^2.$$

换句话说, 对每个数据值加一个常数不会改变样本方差; 而对每个数据值乘一个常数, 新样本方差是旧样本方差乘常数的平方.

例 2.2.7 以下是球员梅西在 2004—2014 年 11 个赛季的进球数, 计算这些年梅西进球数的样本均值、样本方差和样本标准差.

赛季	2004	2005	2006	2007	2008	2009	2010	2011	2012	2013	2014
进球	1	6	14	10	23	34	31	50	46	28	43

解 先在原始数据 x_i 上减去 23, 得到新数据 y_i:

$$-22, -17, -9, -13, 0, 11, 8, 27, 23, 5, 20,$$

从而有

$$\sum_{i=1}^{n} y_i = 33, \quad \sum_{i=1}^{n} y_i^2 = 2891,$$

样本均值

$$\bar{x} = \bar{y} + 23 = 3 + 23 = 26.$$

因为转化数据与原始数据有相同的方差, 并利用代数恒等式 (2.2.1), 可得

$$s_x^2 = s_y^2 = \frac{2891 - 11 \times 3^2}{10} = 279.2.$$

而样本标准差

$$s_x = \sqrt{279.2} = 16.71.$$

□

例 2.2.7 Excel 演示

使用 Excel 软件可以方便地完成描述统计计算. 例如, 对于例 2.2.7, 方法是:

(1) 打开 Excel 软件, 将数据依次输入单元格 A1 至 A11;

(2) 在某一空白单元格 (如 A12) 输入 “=AVERAGE(A1:A11)”, 按回车键后得到均值;

(3) 在某一空白单元格 (如 A13) 输入 “=MEDIAN(A1:A11)”, 按回车键后得到中位数;

(4) 在某一空白单元格 (如 A14) 输入 "=VAR(A1:A11)", 按回车键后得到方差;

(5) 在某一空白单元格 (如 A15) 输入 "=STDEV(A1:A11)", 按回车键后得到标准差.

2.2.3 样本分位数和盒形图

粗略地说, 对于 $0 \leqslant m \leqslant 100$, 一个数据集的样本 $m\%$ (下侧) 分位数是指这样一个数值, 该数据集里小于它的数据个数占约 $m\%$. 中位数就是 50% 分位数. 百分位数的确切定义有多种, 结果略有差异. 下面百分位数的定义是 Excel 软件中所采用的.

定义 2.2.4 将样本量为 n 的数据集由小到大排序, 记为 $x_{(1)}, x_{(2)}, \cdots, x_{(n)}$, 对于 $0 \leqslant p \leqslant 1$, 令

$$t = (n-1)p + 1,$$

该数据集的样本 $100p\%$ (下侧) 分位数定义为

(1) 如果 t 是整数 i, 它定义为第 i 个数据 $x_{(i)}$.

(2) 如果 t 不是整数, $i < t < i+1$, 它定义为两个相邻数据的加权平均值

$$x_{(i)}(i+1-t) + x_{(i+1)}(t-i).$$

例 2.2.8 表 2.5 列出了 2010 年中国 25 个城市的人口数据. 计算: (1) 样本 10% 分位数, (2) 样本 75% 分位数.

解 (1) 由于样本大小为 25, 且 $t = (25-1) \times 0.1 + 1 = 3.4$, 样本 10% 分位数就是将数据从小到大排序后第 3 位置与第 4 位置的加权平均值:

$$847 \times (4 - 3.4) + 858 \times (3.4 - 3) = 851.4.$$

(2) 由于 $(25-1) \times 0.75 + 1 = 19$, 样本 75% 分位数即第 19 位置的值 1119.

□

表 2.5　2010 年中国 25 个城市的人口数

序号	城市	人口数/万人
1	菏泽市	829
2	赣州市	837
3	西安市	847
4	徐州市	858
5	郑州市	863
6	杭州市	870
7	青岛市	872
8	周口市	895
9	潍坊市	909
10	温州市	912
11	邯郸市	917
12	武汉市	979
13	临沂市	1004
14	石家庄市	1016
15	南阳市	1026
16	深圳市	1036
17	苏州市	1047
18	哈尔滨市	1064
19	保定市	1119
20	广州市	1270
21	天津市	1294
22	成都市	1405
23	北京市	1961
24	上海市	2302
25	重庆市	2885

例 2.2.8

Excel 演示

样本的百分位数可以用 Excel 函数 PERCENTILE 计算. 对于例 2.2.8, 方法是:

(1) 打开 Excel 软件, 将表 2.5 的人口数据依次输入单元格 A1 至 A25 (数据无需排序);

(2) 在某一空白单元格 (如 A26) 输入 “=PERCENTILE(A1:

A25,0.1)”, 按回车键后得到 851.4;

(3) 在某一空白单元格 (如 A27) 输入 “=PERCENTILE(A1:A25,0.75)”, 按回车键后得到 1119.

定义 2.2.5 (四分位数) 样本 25% 分位数称为第一个四分位数; 样本 50% 分位数称为样本中位数或第二个四分位数; 样本 75% 分位数称为第三个四分位数.

四分位数把数据分为四个部分, 大约 25% 的数据小于第一个四分位数, 25% 的数据在第一个四分位数与第二个四分位数之间, 25% 的数据在第二个四分位数与第三个四分位数之间, 25% 的数据大于第三个四分位数.

例 2.2.9 计算表 2.5 中数据集的四分位数.

解 注意到表 2.5 中数据已经从小到大排序, 根据定义, 第一个四分位数是 872, 即第 $(25-1)\times 1/4+1=7$ 位置的值; 第二个四分位数为 1004, 即第 $(25-1)\times 2/4+1=13$ 位置的值; 第三个四分位数为 1119, 即第 $(25-1)\times 3/4+1=19$ 位置的值. □

盒形图是用来概括数据分布的图形. 在一个水平轴上从数据的最小值到最大值画一直线段, 在线段上加上一个 “盒子”, 盒子两端是从第一个四分位数到第三个四分位数, 用一根垂线表示第二个四分位数 (即中位数). 例如, 表 2.5 中的 25 个数据, 数值从最小 829 到最大 2885. 其第一个四分位数为 872; 第二个四分位数为 1004; 第三个四分位数为 1119. 图 2.6 是该数据集的盒形图. 可见第三个四分位数到最大值之间差距较大, 也就是人口数最多的前 25% 城市之间人口数的差异较大.

线段的长度等于最大值减去最小值, 称为数据集的极差. 另外, 盒子的长度等于第三个四分位数减去第一个四分位数, 被称为数据集的四分位距. 表 2.5 中数据的极差为 $2885-829=2056$, 四分位距为 $1119-872=247$.

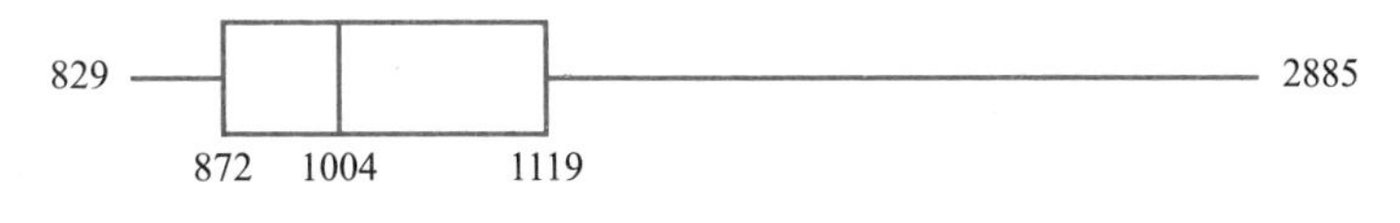

图 2.6 盒形图

2.2.4 成对数据集和样本相关系数

有时我们要关注彼此之间有相互关系的成对数据集, 这种数据集中每个数据都有一个 x 值和 y 值, 第 i 个数据点定义为 (x_i, y_i). 例如, 我们要研究每天的平均温度与这一天生产次品数之间的关系, 具体数据在表 2.6 中. x_i 代表第 i 天的温度 (单位: °C), y_i 代表第 i 天的次品数 (单位: 个).

表 2.6　温度和次品数

日期	温度/°C	次品数/个
1	24.3	25
2	22.7	31
3	30.5	36
4	28.6	33
5	25.5	19
6	32.0	24
7	28.6	27
8	26.5	25
9	25.3	16
10	26.0	14
11	24.4	22
12	24.8	23
13	20.6	20
14	25.1	25
15	21.4	25
16	23.7	23
17	23.9	27
18	25.2	30
19	27.4	33
20	28.3	32
21	28.8	35
22	26.6	24

描述成对数据关系的一个有效方法就是散点图. 图 2.7 表明温度和次品数

之间似乎有一些关系, 高温天次品数偏多. 为了定量化描述这种关系, 我们给出下列统计量的定义.

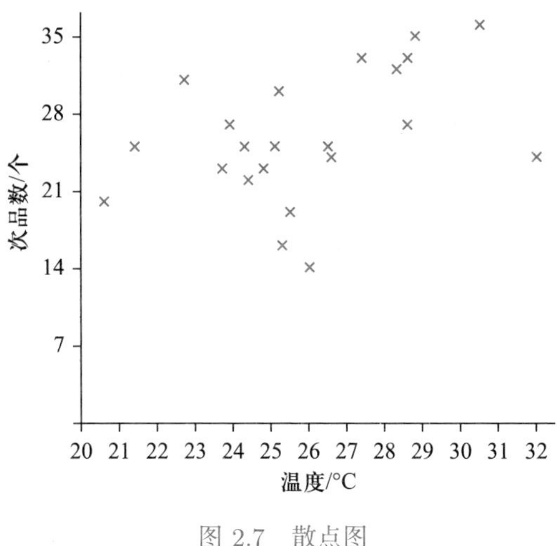

图 2.7　散点图

定义 2.2.6　成对数据集 $(x_i, y_i), i=1,\cdots,n$ 的样本协方差定义为

$$s_{xy}=\frac{1}{n-1}\sum_{i=1}^{n}(x_i-\bar{x})(y_i-\bar{y}),$$

样本相关系数定义为

$$r_{xy}=\frac{s_{xy}}{s_x s_y}=\frac{\sum\limits_{i=1}^{n}(x_i-\bar{x})(y_i-\bar{y})}{\sqrt{\sum\limits_{i=1}^{n}(x_i-\bar{x})^2\sum\limits_{i=1}^{n}(y_i-\bar{y})^2}},$$

其中 s_x 和 s_y 分别是 $x_1,x_2,\cdots,x_n$ 和 $y_1,y_2,\cdots,y_n$ 的样本标准差.

显然, 样本协方差是样本方差概念的推广, 且有 $s_{xx}=s_x^2, r_{xx}=1$.

例 2.2.10　计算表 2.6 中数据的样本相关系数.

解　设 x_i 代表温度, y_i 代表次品数, $i=1,2,\cdots,n$, $n=22$.

$$\bar{x}=\frac{1}{22}\sum_{i=1}^{22}x_i=25.92,\quad \bar{y}=\frac{1}{22}\sum_{i=1}^{22}y_i=25.86;$$

$$\sum_{i=1}^{22}(x_i-\bar{x})^2=165.31,\quad \sum_{i=1}^{22}(y_i-\bar{y})^2=732.59,\quad \sum_{i=1}^{22}(x_i-\bar{x})(y_i-\bar{y})=145.85;$$

由此, 利用相关系数的公式可得

$$r_{xy}=\frac{\sum_{i=1}^{n}(x_i-\bar{x})(y_i-\bar{y})}{\sqrt{\sum_{i=1}^{n}(x_i-\bar{x})^2\sum_{i=1}^{n}(y_i-\bar{y})^2}}=\frac{145.85}{\sqrt{165.31\times 732.59}}=0.4191.$$

结果显示每日气温与当天生产次品数之间的相关系数大于零. □

例 2.2.10
Excel 演示

样本协方差和样本相关系数的计算也可使用 Excel 软件. 例如, 对于例 2.2.10, 将 "温度" 数据依次输入单元格 A1:A22, "次品" 数据依次输入单元格 B1:B22, 然后在某一空白单元格 (如 A23) 输入 "=COVAR(A1:A22,B1:B22)*22/21", 按回车键后得到样本协方差 (注意 COVAR 使用的系数是 $1/n$ 而不是 $1/(n-1)$, 所以需要加一个修正因子), 而在某一空白单元格 (如 A24) 输入 "=CORREL(A1:A22,B1:B22)", 按回车键后得到样本相关系数.

相关系数有如下性质:

性质 2.2.1　(1) $-1\leqslant r_{xy}\leqslant 1$;

(2) $r_{xy}=1$ 等价于存在常数 a,b, 其中 $b>0$, 使得 $y_i=a+bx_i$, $i=1,2,\cdots,n$;

(3) $r_{xy}=-1$ 等价于存在常数 a,b, 其中 $b<0$, 使得 $y_i=a+bx_i$, $i=1,2,\cdots,n$.

★证明　令 $\xi_i=x_i-\bar{x},\eta_i=y_i-\bar{y}$, 对于任意实数 t,

$$\sum_{i=1}^{n}(\eta_i+t\xi_i)^2=\sum_{i=1}^{n}\eta_i^2+2t\sum_{i=1}^{n}\xi_i\eta_i+t^2\sum_{i=1}^{n}\xi_i^2\geqslant 0,$$

也就是说, 这个关于 t 的二次函数没有两个不同的实根, 那么判别式

$$\left(2\sum_{i=1}^{n}\xi_i\eta_i\right)^2-4\sum_{i=1}^{n}\xi_i^2\sum_{i=1}^{n}\eta_i^2\leqslant 0,$$

根据定义 2.2.6, 上式等价于

$$s_{xy}{}^2 \leqslant s_x^2 s_y^2, \quad 即 \ -1 \leqslant r_{xy} \leqslant 1.$$

并且, 当且仅当 $\eta_i + t\xi_i = 0, i = 1, 2, \cdots, n$ 时, 上述等式成立, 此时 $r_{xy}^2 = 1$. 而 $\eta_i + t\xi_i = 0, i = 1, 2, \cdots, n$ 等价于存在常数 a, b, 使得 $y_i = a + bx_i$, $i = 1, 2, \cdots, n$. 直接验证可知, $b > 0$ 时, $r_{xy} = 1$, $b < 0$ 时, $r_{xy} = -1$. 证毕. □

性质 2.2.1 说明样本相关系数的范围在 -1 与 1 之间; 样本相关系数的绝对值表示成对数据 x 与 y 之间线性关系的强度. $|r_{xy}| = 1$ 说明 x 与 y 完全线性相关, 可以用一条直线通过所有数据点 $(x_i, y_i), i = 1, \cdots, n$. 当 $|r_{xy}| = 0.9$, 说明线性关系很强, 虽不能用一条直线通过所有数据点, 但可以十分接近. 当 $|r_{xy}| = 0.5$

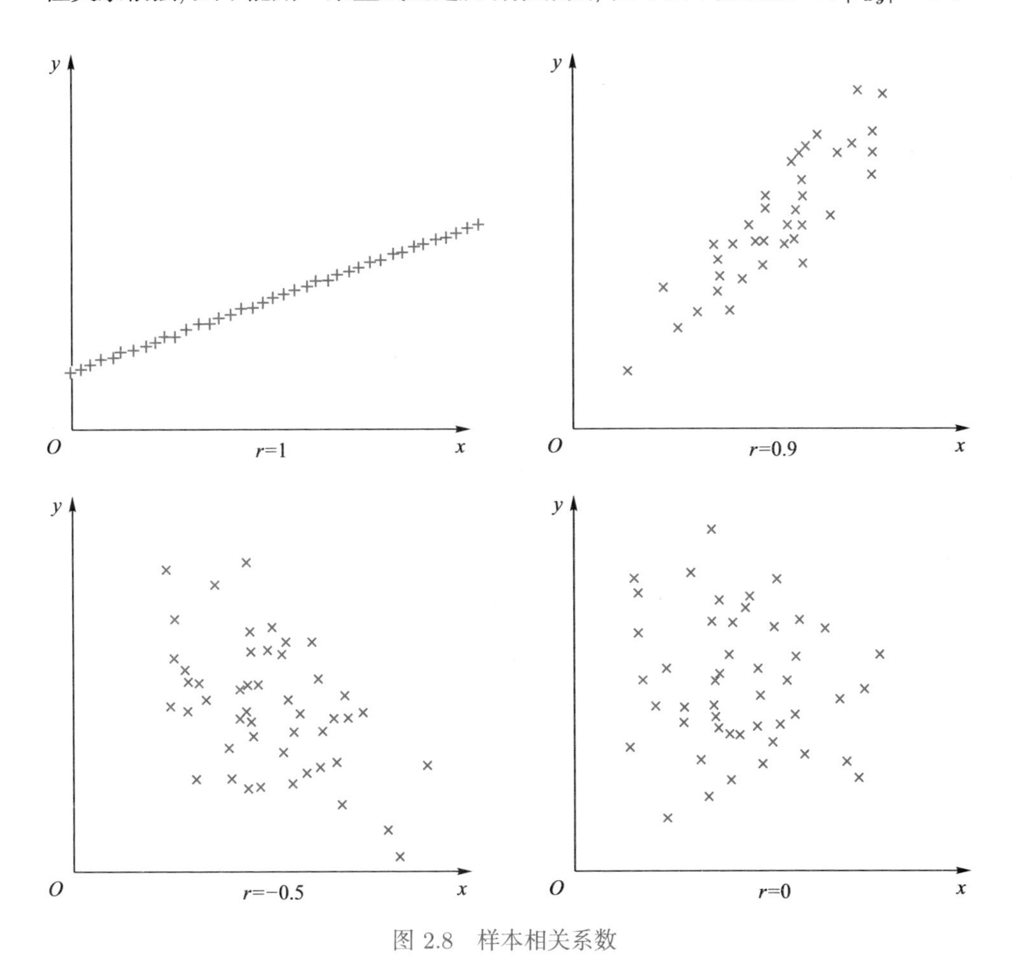

图 2.8 样本相关系数

时, 线性关系较弱. 当 $|r_{xy}|=0$ 时, x 与 y 不相关, 几乎没有线性关系. 另一方面, 当 $r_{xy}>0$, 称 x 与 y 正相关, 较小的 y 值对应较小的 x 值而较大的 y 值对应较大的 x 值 (逼近数据点的直线斜率是正的); 反之, 当 $r_{xy}<0$, 称 x 与 y 负相关, 较大的 y 值对应较小的 x 值而较小的 y 值对应较大的 x 值 (逼近数据点的直线斜率是负的). 图 2.8 是不同 r_{xy} 值对应的散点图.

需要着重指出的是, 相关系数只表明数据的线性关系, 相关系数的绝对值很小只说明 x 与 y 线性相关性很弱, 但不能排除两者之间可能存在很强的非线性关系. 图 2.9 中 y 是 x 的二次函数, 但它们的线性相关系数为 0. 另外, 相关关系不是因果关系. 例 2.2.10 的结果表明气温与当天生产次品数之间呈现正相关. 但不能就因此断定高温直接导致了生产质量的下降. 这一情况的发生有可能是第三方因素引起的, 比如高温的时候生产的产品总数更多一些, 也有可能是数据的偶然性导致的. 这些都有待更进一步的分析.

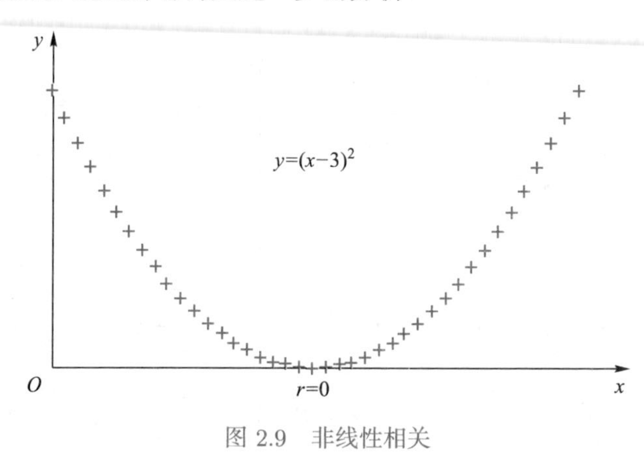

图 2.9 非线性相关

习题

1. 以下是 13 名学生的体重数据 (单位: kg).

$$51, 54, 56, 60, 56, 54, 51, 59, 56, 54, 51, 59, 56,$$

(1) 作出该数据集的频数表和频数图;

(2) 画出该数据集的频率图;

(3) 画出该数据集的累积频率图.

2. 2015 年中国 4 个直辖市的常住人口数据 (单位: 万人) 如下表. 画出数据的饼图.

北京	2171
上海	2415
天津	1547
重庆	3017

3. 下面是 40 个元件的寿命数据 (单位: h):

$$12, 21, 26, 08, 41, 04, 36, 34,$$
$$21, 18, 43, 16, 08, 22, 27, 40,$$
$$13, 17, 26, 30, 34, 20, 31, 33,$$
$$18, 25, 51, 47, 37, 40, 32, 19,$$
$$10, 24, 32, 52, 35, 30, 36, 28,$$

(1) 计算样本均值, 样本中位数和样本众数;

(2) 考虑区间 $(0, 55]$,每 5 h 一组画出该数据集的累积频率图.

4. 表 2.7 是 2001—2012 年中国交通事故数和死亡人数数据. 计算交通事故数的样本均值, 样本中位数和样本标准差.

表 2.7　2001—2012 年中国交通事故数和死亡人数

年份	事故数/万次	死亡人数/万人
2001	75.5	10.6
2002	77.3	10.9
2003	66.8	10.4
2004	56.8	9.4
2005	45.0	9.9
2006	37.9	8.9
2007	27.9	8.2

续表

年份	事故数/万次	死亡人数/万人
2008	26.5	7.3
2009	23.8	6.8
2010	22.0	6.5
2011	21.1	6.2
2012	20.4	6.0

5. 如果 5 个数据的样本均值 $\bar{x}=10$, 样本方差 $s^2=12.5$, 而其中的 3 个数据为 6,8,12, 问其余两个数据是什么?

6. 以下是 30 位学生 "概率论与数理统计" 课程的成绩 (单位: 分):

$$67,68,68,69,73,73,74,74,74,76,77,78,78,79,79,$$

$$81,82,82,84,86,86,88,89,90,90,90,91,92,95,98,$$

(1) 计算样本均值、样本标准差和四分位数;

(2) 考虑区间 $(65,100]$, 每 5 分 1 组进行分组, 画出 30 位学生成绩的直方图;

(3) 按第 (2) 小题分组, 由区间的中点和对应的频数数据计算样本均值, 并与第 (1) 小题结果比较.

7. 表 2.8 是 2014 年全国 31 省、市、自治区城镇居民人均可支配收入.

(1) 计算样本均值和样本中位数;

(2) 计算标准差和方差;

(3) 先对数据适当分组, 再画出相应的直方图;

(4) 根据分组, 由区间的中点和对应的频数计算其样本均值和样本中位数. 与 (1) 中的结果对比, 有什么不同?

表 2.8 2014 年全国 31 省、市、自治区城镇居民人均可支配收入

省、市、自治区	收入/元	省、市、自治区	收入/元	省、市、自治区	收入/元
上海	47710	广东	32148	辽宁	29082
北京	43910	天津	31506	内蒙古	28350
浙江	40393	福建	30722	湖南	26570
江苏	34346	山东	29222	重庆	25133

续表

省、市、自治区	收入/元	省、市、自治区	收入/元	省、市、自治区	收入/元
湖北	24852	江西	24309	贵州	22548
安徽	24839	云南	24299	青海	22307
广西	24669	河北	24220	新疆	22160
海南	24487	山西	24069	西藏	22026
河南	24391	宁夏	23285	甘肃	20804
四川	24381	吉林	23218		
陕西	24366	黑龙江	22609		

8. 计算表 2.8 中数据的 10% 分位数和 85% 分位数.

9. 表 2.9 是东华大学 2015 年上海地区 15 个专业录取计划数, 计算四分位数并画出盒形图.

表 2.9　2015 年东华大学各专业录取计划数

专业名称	计划数
经济与贸易类	30
法学	13
英语	22
数学与应用数学	10
应用物理学	4
统计学	10
工业设计	22
材料类	12
功能材料	8
纺织类	8
服装设计与工程	24
管理科学与工程类	10
市场营销	4
会计学	12
旅游管理	6

10. 利用表 2.7 中的数据, 画出交通事故数和死亡人数的散点图, 计算样本

相关系数, 并说明结果的实际意义.

11. 表 2.10 是 10 个人受教育年数与脉搏数 (次/分) 数据. 画出数据的散点图, 计算样本相关系数, 并说明结果的实际意义.

表 2.10　受教育年数与脉搏数

序号	1	2	3	4	5	6	7	8	9	10
受教育年数	12	16	13	18	19	12	18	19	12	14
脉搏数/(次 · 分$^{-1}$)	73	67	74	63	73	84	60	62	76	71

12. 证明样本相关系数具有正线性不变性质, 即当 $bd > 0$ 时, $r_{a+bx,c+dy} = r_{xy}$.

第 3 章 概率论的基础

3.1 概率的基本概念

3.1.1 样本空间和随机事件

在自然界和社会生活中常常存在两类现象, 一类是确定性现象, 例如: 电荷同性相斥, 异性相吸; 另一类是随机现象, 例如: 向上抛一枚硬币, 硬币落下后, 可能正面朝上, 也可能反面朝上. 随机现象的结果具有不确定性, 无法准确预测. 但是大量的随机现象会呈现某种统计规律性. 例如, 大量硬币抛在地上, 出现正面的比例大约占 1/2. 又如, 明天的气温具有不确定性, 但是大量历史数据告诉我们, 它与今天的气温一般差别不会太大.

对于随机现象的观察称为随机试验, 简称试验. 研究统计规律性往往需要大量重复或近似的随机试验. 在一次随机试验中, 尽管出现怎样一个结果是无法预先知道的, 但可能出现哪些结果通常是能够确定的. 例如, 抛掷一颗骰子 (见图 3.1), 观察朝上那一面的点数. 它是一个随机试验, 你不可能预先知道某次试验出现几点, 但是能够知道试验可能出现的结果是 1 点, 2 点, 3 点, 4 点, 5 点或 6 点. 我们将每个可能出现的结果称为试验的一个基本事件或者样本点, 一般用 ω 表示. 由基本事件全体构成的集合, 称为样本空间, 记为 Ω. 那么 "抛掷一颗骰子, 观察朝上一面的点数" 这一试验的样本空间为

$$\Omega=\{1,2,3,4,5,6\}.$$

图 3.1　两颗骰子

样本空间的任一子集称为随机事件, 简称事件, 用大写字母 $A, B, C, \cdots$ 表示, 如果试验结果包含某事件 A 中的样本点, 则我们称事件 A 发生了. 样本空间 Ω 本身就是 Ω 的子集, 它包含 Ω 的所有样本点, 在每次试验中 Ω 必然发生, 所以称之为必然事件. 空集 $\varnothing$ 也是 Ω 的子集, 它不包含任何样本点, 在每次试验中都不可能发生, 称之为不可能事件.

例 3.1.1　在抛掷一颗骰子的试验中, 记 "点数是 1" 为 A, "点数是偶数" 为 B, "点数大于等于 3" 为 C, "点数大于 6" 为 D, "点数是奇数" 为 E, "点数小于等于 6" 为 F, 则

$$A = \{1\}, \quad B = \{2, 4, 6\}, \quad C = \{3, 4, 5, 6\},$$

$$D = \varnothing, \quad E = \{1, 3, 5\}, \quad F = \{1, 2, 3, 4, 5, 6\} = \Omega$$

都是随机事件, 其中 A 是一个基本事件或样本点, D 是一个不可能事件, F 是必然事件.

事件是样本空间的子集, 因而事件间的关系和运算完全可按照集合间的关系和运算来处理. 接下来, 我们给出这些关系和运算在概率论中的提法和含义.

(1) 事件的包含: 如果事件 A 发生必然导致事件 B 发生, 则称事件 A 包含于事件 B, 或称事件 B 包含事件 A, 记作

$$A \subset B \quad \text{或} \quad B \supset A.$$

如果事件 A 与 B 互为包含, 则称事件 A 与事件 B 相等, 记作 $A = B$.

(2) 事件的并: 如果事件 A 和事件 B 至少有一个发生, 则称这样的一个事

件为事件 A 与事件 B 的并或和, 记作 $A\cup B$, 即

$$A\cup B=\{A\text{ 发生或者 }B\text{ 发生}\}.$$

(3) 事件的交: 如果事件 A 和事件 B 都发生, 则称这样一个事件为事件 A 与事件 B 的交或积, 记作 $A\cap B$, 或 AB, 即

$$A\cap B=AB=\{A\text{ 发生且 }B\text{ 发生}\}.$$

(4) 互不相容事件: 如果事件 A 与事件 B 在同一次试验中不会同时发生, 即 $AB=\varnothing$, 则称事件 A 与事件 B 是互斥的, 或互不相容的.

(5) 对立事件: 如果在每一次试验中事件 A 与事件 B 都有一个且仅有一个发生, 则称事件 A 与事件 B 是互补的或对立的, 其中的一个事件是另一个事件的补事件或对立事件, 记作 $\overline{A}=B$, 或 $\overline{B}=A$. 易见对立事件必定是互不相容的, 且 $\overline{\overline{A}}=A$.

(6) 事件的差: 如果事件 A 发生而事件 B 不发生, 则称这个事件为事件 A 与事件 B 的差, 记作 $A-B$, 即

$$A-B=\{A\text{ 发生但 }B\text{ 不发生}\}.$$

显然有 $A-B=A\overline{B}$.

在例 3.1.1 中, $A\subset E$, 事件 A 与事件 B 互斥, B 与 E 是对立事件, $A\cup B=\{1,2,4,6\}$, $B-C=\{2\}$, $B\cap C=\{4,6\}$, $C\cap E=\{3,5\}$.

集合论中的运算规则也可应用于随机事件. 例如,

交换律 $A\cup B=B\cup A, AB=BA$.

结合律 $(A\cup B)\cup C=A\cup(B\cup C), (AB)C=A(BC)$.

分配律 $(A\cup B)C=AC\cup BC, (AB)\cup C=(A\cup C)(B\cup C)$.

集合论中涉及并集、交集和补集关系的下列公式称为德摩根定律, 这一定律在概率论中常常用到.

$$\overline{A\cup B}=\overline{A}\,\overline{B},\quad \overline{AB}=\overline{A}\cup\overline{B}.$$

事件的并与交可推广到多个事件的并与交. 上述德摩根定律可以推广到多个事件, 即

$$\overline{\bigcup_{i=1}^{n} A_i} = \bigcap_{i=1}^{n} \overline{A_i}, \quad \overline{\bigcap_{i=1}^{n} A_i} = \bigcup_{i=1}^{n} \overline{A_i}.$$

3.1.2 概率的定义与性质

当我们把抛掷一枚均匀硬币的试验重复很多次, 出现正面的比例会近似于常值 0.5, 这个数值也可以解释成一次试验中正面出现的可能性大小. 概率就是赋予随机事件的一个数值, 用来表征它发生的可能性大小. 1933 年, 苏联数学家柯尔莫戈洛夫综合已有的大量成果, 提出了概率的公理化定义, 使概率论成为严谨的数学分支, 推动了概率论的发展.

定义 3.1.1 设某个随机试验的样本空间为 Ω, 对于任意事件 A, 我们称 $P(A)$ 为事件 A 的概率, 如果集合函数 $P(\cdot)$ 满足下列三条公理:

(1) (非负性) $P(A) \geqslant 0$;

(2) (规范性) $P(\Omega) = 1$;

(3) (可列可加性) 设 $A_1, A_2, \cdots$ 为任意的互斥事件序列 (即 $A_iA_j = \varnothing, i \neq j$), 那么

$$P\left(\bigcup_{i=1}^{\infty} A_i\right) = \sum_{i=1}^{\infty} P(A_i).$$

由概率的公理化定义, 我们容易得到下列性质:

性质 3.1.1 (1) 不可能事件概率为 0, 即

$$P(\varnothing) = 0.$$

(2) 对任意事件 A, 有

$$0 \leqslant P(A) \leqslant 1.$$

(3) (有限可加性) 设 $A_1, A_2, \cdots, A_n$ 为 n 个互斥的随机事件 (即 $A_iA_j = \varnothing, i \neq j$), 那么

$$P\left(\bigcup_{i=1}^{n} A_i\right) = \sum_{i=1}^{n} P(A_i).$$

(4) (对立事件计算) 对任意事件 A, 有

$$P(\overline{A}) = 1 - P(A).$$

(5) (单调性) 如果 $A \subset B$, 则有

$$P(A) \leqslant P(B).$$

(6) (减法公式) 对任意两个事件 A, B, 有

$$P(B - A) = P(B) - P(AB).$$

(7) (加法公式) 对任意两个事件 A, B, 有

$$P(A \cup B) = P(A) + P(B) - P(AB).$$

证明 考虑互斥的事件序列 $\Omega, \varnothing, \varnothing, \cdots$, 根据概率的可列可加性,

$$P(\Omega) = P(\Omega) + P(\varnothing) + P(\varnothing) + \cdots,$$

可见 (1) 成立. 考虑互斥的事件序列 $A_1, A_2, \cdots, A_n, \varnothing, \varnothing, \cdots$, 根据概率的可列可加性,

$$P\left(\bigcup_{i=1}^{n} A_i\right) = P\left(\bigcup_{i=1}^{n} A_i \cup \varnothing \cup \varnothing \cup \cdots\right) = \sum_{i=1}^{n} P(A_i) + P(\varnothing) + P(\varnothing) + \cdots,$$

利用 (1) 得 (3). 对任意事件 A, 有 $\Omega = A \cup \overline{A}$, 而 A 与 $\overline{A}$ 互斥, 根据概率的可加性 (3) 得到

$$P(A) + P(\overline{A}) = P(\Omega) = 1,$$

由此得到 (4). 考虑到 $P(\overline{A}) \geqslant 0$, 由 (4) 得到 (2).

对任意两个事件 A, B, 参考图 3.2, $B = AB \cup \overline{A}B$, 而 AB 与 $\overline{A}B$ 互斥, 根据概率的可加性 (3),

$$P(B) = P(AB) + P(\overline{A}B).$$

这样由 $P(B - A) = P(\overline{A}B) = P(B) - P(AB)$ 得 (6). 进一步, 由于

$$A \cup B = A \cup (B - A),$$

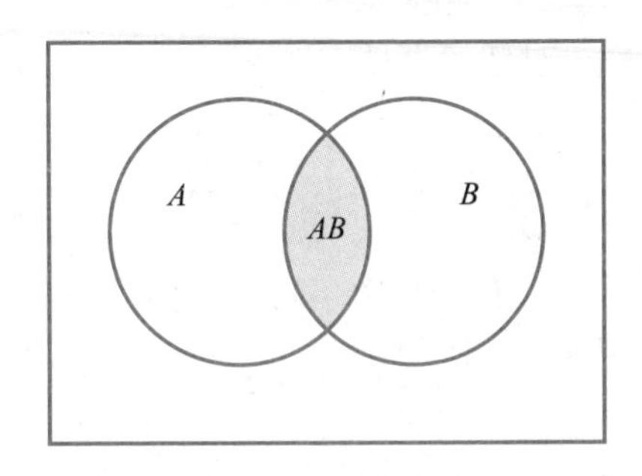

图 3.2 两个事件的并与交

而 A 与 $B-A$ 互斥, 根据概率的可加性 (3) 和 (6) 得 (7). 当 $A \subset B$, 有 $AB = A$, 由 (6) 和 $P(B-A) \geqslant 0$, 得 (5). □

需要指出的是, 使用加法公式和减法公式要注意细节. 一般来说,

$$P(A \cup B) \neq P(A) + P(B),$$

$$P(B - A) \neq P(B) - P(A).$$

上述等式成立需要一些附加的条件, 即

$$AB = \varnothing \Rightarrow P(A \cup B) = P(A) + P(B),$$

$$A \subset B \Rightarrow P(B - A) = P(B) - P(A).$$

例 3.1.2 已知 $P(A) = 0.4, P(A \cup B) = 0.7$, 且 A, B 互不相容, 求 $P(B)$.

解 由于

$$P(A \cup B) = P(A) + P(B) - P(AB),$$

而

$$P(A) = 0.4, \quad P(A \cup B) = 0.7, \quad P(AB) = P(\varnothing) = 0,$$

所以

$$P(B) = 0.7 - 0.4 + 0 = 0.3.$$

□

例 3.1.3 已知 $P(A) = 0.4, P(\overline{A}B) = 0.2, P(\overline{A}\,\overline{B}C) = 0.1$, 求 $P(A \cup B \cup C)$.

解 根据德摩根定律,

$$P(A\cup B\cup C)=1-P(\overline{A\cup B\cup C})=1-P(\overline{A}\ \overline{B}\ \overline{C}).$$

先求 $P(\overline{A}\ \overline{B}\ \overline{C})$. 由于 $P(A)=0.4$,

$$P(\overline{A})=1-P(A)=0.6.$$

进而

$$P(\overline{A}\ \overline{B})=P(\overline{A}-B)=P(\overline{A})-P(\overline{A}B)=0.6-0.2=0.4.$$

这样

$$P(\overline{A}\ \overline{B}\ \overline{C})=P(\overline{A}\ \overline{B}-C)=P(\overline{A}\ \overline{B})-P(\overline{A}\ \overline{B}C)=0.4-0.1=0.3.$$

所以

$$P(A\cup B\cup C)=1-0.3=0.7.$$

□

例 3.1.4 某班级“概率论与数理统计”课程考试不及格的学生有 15%, “线性代数”考试不及格的学生有 10%, 两门课都不及格的有 5%. 请问两门都及格的学生的比例是多少?

解 设 A 表示“概率论与数理统计”不及格这一事件, B 表示“线性代数”不及格这一事件. 任选一同学其中至少一门不及格的概率是

$$P(A\cup B)=P(A)+P(B)-P(AB)=0.15+0.1-0.05=0.2.$$

因此, 两门课都及格的概率是 $1-0.2=0.8$, 所以 80% 的学生两门课都及格了.

□

3.2 等可能概型

3.2.1 古典概型

如果随机试验具有以下两个特点:

(1) 随机试验只有有限个样本点, 样本空间记为 $\Omega=\{\omega_1,\omega_2,\cdots,\omega_n\}$;

(2) 每一个样本点的发生都是等可能的, 即 $P(\omega_1)=P(\omega_2)=\cdots=P(\omega_n)=\dfrac{1}{n}$, 则称这种试验为等可能概型或古典概型. 古典概型曾经是概率论发展初期的主要研究对象. 我们前面提到的抛掷硬币或骰子的试验都属于古典概型.

如果事件 A 包含 r 个样本点 $A=\{\omega_{i_1}\}\cup\{\omega_{i_2}\}\cup\cdots\cup\{\omega_{i_r}\}$, 其中 $i_1,i_2,\cdots,i_r$ 是 $1,2,\cdots,n$ 中某 r 个不同的数, 则有

$$P(A)=P(\omega_{i_1})+P(\omega_{i_2})+\cdots+P(\omega_{i_r})=\frac{r}{n}.$$

也就是说事件 A 的古典概率定义为

$$P(A)=\frac{\text{事件 } A \text{ 包含的样本点数}}{\text{样本空间 } \Omega \text{ 中的样本点总数}}.$$

古典概率的计算涉及计数问题. 我们先复习一些关于计数的基本原理.

(1) 加法原理: 若完成一件事有几类办法, 每类办法中又有多种不同的方法, 则完成这件事的不同方法数是各类不同办法中方法数的总和. 例如, 网上预订行程, 从北京到上海乘火车有 7 种不同选择, 乘飞机有 5 种不同选择, 从北京 (乘火车或乘飞机) 到上海共有 $7+5=12$ 种不同的行程选择.

(2) 乘法原理: 若完成一件事需要分成几个步骤, 每一步的完成有多种不同的方法, 则完成这件事的不同方法总数是各步骤不同方法数的乘积. 例如, 网上预订行程, 从北京到上海共有 12 种不同行程选择, 从上海到广州共有 4 种不同行程选择, 那么从北京经上海到广州共有 $4\times 12=48$ 种不同的行程选择.

(3) 排列: 从 n 个不同元素中取 r 个 (不重复), 考虑先后顺序共有 $\mathrm{A}_n^r=n\times(n-1)\times\cdots\times(n-r+1)$ 种不同结果. 例如, 从 8 个人中取出 3 个站成一排, 共有 $\mathrm{A}_8^3=8\times 7\times 6=336$ 种不同排列.

(4) 重复排列: 从 n 个不同元素中取 r 个 (可重复), 考虑先后顺序共有 $n\times n\times\cdots\times n=n^r$ 种不同结果. 例如, 有 3 次不同日期的会议, 每次会议要从本科室 8 位职员中派 1 人参加, 共有 $8\times 8\times 8=512$ 种不同的安排.

(5) 组合: 从 n 个不同元素中取 r 个组成一组, 或者说从 n 个不同元素中取 r 个 (不重复), 不考虑先后顺序共有

$$\mathrm{C}_n^r=\frac{n(n-1)\cdots(n-r+1)}{r!}=\frac{n!}{(n-r)!r!}$$

种不同结果. 显然有

$$\mathrm{C}_n^r = \frac{\mathrm{A}_n^r}{r!}.$$

例如, 从 8 个人中选出 3 个组成一组, 共有 $\mathrm{C}_8^3 = \dfrac{8 \times 7 \times 6}{3!} = 56$ 种不同组合.

例 3.2.1 一个盒子里有 6 个白球, 5 个黑球. 现在随机从盒里摸出两个球, 则一个是白球, 一个是黑球的概率有多少? 两个都是黑球呢?

解 如果我们认为拿球是分先后的, 那么第一次可以拿 11 个球中任意一个, 第二次拿剩下的 10 个中任意一个, 样本空间里有 11×10 个点. 由于每次摸球时, 盒中每个球被取出的可能性是一样的, 所以每个样本点都是等可能的. 这是一个古典概型. 设事件 A 表示 "一个是白球, 一个是黑球". 第一个球是白色, 第二个球是黑色有 6×5 种可能, 同样地, 第一个球是黑色, 第二个球是白色有 5×6 种可能. 那么

$$P(A) = \frac{6 \times 5 + 5 \times 6}{11 \times 10} = \frac{60}{110} = \frac{6}{11}.$$

设事件 B 表示 "两个都是黑球", 第一个球是黑色有 5 种可能, 第二个球是黑色有 4 种可能 (因为已有一个黑球被取出), 共有 5×4 种可能, 那么

$$P(B) = \frac{5 \times 4}{11 \times 10} = \frac{20}{110} = \frac{2}{11}.$$

□

需要说明的是: 使用古典概率时, 样本点的定义不是唯一的, 但必须保证每个样本点是等可能的. 例如, 对于例 3.2.1, 样本点的定义可以不考虑顺序, 这时, 样本点总数是 C_{11}^2, 而事件 A 包含的样本点数为 $\mathrm{C}_6^1\mathrm{C}_5^1$, 这样

$$P(A) = \frac{\mathrm{C}_6^1\mathrm{C}_5^1}{\mathrm{C}_{11}^2} = \frac{30}{55} = \frac{6}{11}.$$

同前面的计算结果完全相同. 当然, 样本空间也可以简写成

$$\Omega = \{\text{两个白球, 一个白球和一个黑球, 两个黑球}\},$$

这样的样本点定义足以表达题目中的有关事件, 但是, 由于这时样本点不是等可能的, 不能用古典概型来计算概率.

例 3.2.2　某同学有 10 本图书要排列在书架上, 其中有 4 本数学书, 3 本英语书, 2 本计算机书, 还有 1 本物理书. 如果是随意放置的, 恰好同一科目的书排在一起的概率多大?

解　10 本图书的全排列为 10!, 每种情况是等可能的. 我们来考虑其中同一科目的书排在一起的情况. 如果四个科目依次排列为数学、英语、计算机、物理, 那么共有 4!3!2!1! 种图书排列. 另一方面, 由于 4 个科目有 4! 种不同先后次序的排列方法, 且对应于科目的每一种排列次序, 都有 4!3!2!1! 种图书排列情况. 因此, 同一科目的书排在一起的概率为

$$\frac{4! \times (4!3!2!1!)}{10!} = 0.0019.$$

可见, 如果是随意放置的, 恰好同一科目的书排在一起的可能性极小, 还不到千分之二. □

例 3.2.3　要从 6 个男生、9 个女生中选择 5 人去参加夏令营. 如果随机选取, 那么这 5 个学生中有 2 个男生、3 个女生的概率是多大?

解　设事件 A 表示 "5 个学生中有 2 个男生、3 个女生", "随机选择" 保证了 C_{15}^5 种情况中的每一种都是等可能的. 从 6 个男生中选 2 个有 C_6^2 种可能情况, 从 9 个女生中选 3 个有 C_9^3 种可能情况, 所以

$$P(A) = \frac{\mathrm{C}_6^2\mathrm{C}_9^3}{\mathrm{C}_{15}^5} = \frac{1260}{3003} \approx 0.42.$$

□

例 3.2.4　一批产品共 N 件, 其中 M 件为次品, 从中任取 n 件产品, 求其中恰有 m 件为次品的概率是多少?

解　产品共 N 件, 其中 M 件为次品, 那么必有 $N-M$ 件正品, 从中任取 n 件产品, 共有 C_N^n 种不同的组合, 它们是等可能的. 每一个样本点包含 n 件产品. 如果恰有 m 件为次品, 那么取出的产品中必有 $n-m$ 件正品, 则恰有 m 件为次品的概率为

$$\frac{\mathrm{C}_M^m\mathrm{C}_{N-M}^{n-m}}{\mathrm{C}_N^n}.$$

注意, 上式仅当 $m \leqslant M \leqslant N, m \leqslant n \leqslant N$ 时才有意义. □

例 3.2.5　有 N 张彩票, 其中 M 张为一等奖, 如果张小姐买到的是第 k 张售出的彩票, 求她中一等奖的概率是多少?

解 考虑前 k 张彩票的所有可能情况, 样本点总数为 A_N^k, 各样本点等可能发生. 设事件 A 表示 "第 k 张中一等奖", 事件 A 包含的样本点数为 $\mathrm{A}_M^1\mathrm{A}_{N-1}^{k-1}$, 所以

$$P(A)=\frac{\mathrm{A}_M^1\mathrm{A}_{N-1}^{k-1}}{\mathrm{A}_N^k}=\frac{M}{N}.$$

可见, 结果与 k 无关. 也就是说, 任何时候买彩票中一等奖的概率都是 $\frac{M}{N}$. 这个结果称为公平抽签原理. □

例 3.2.6 如果一个房间里有 n 个人, 至少有两个人的生日是同一天的概率是多少?

解 因为每个人的生日都可能是 365 天中的任何一天 (这里忽略了闰年, 但对结果的影响很小), 这样共有 $(365)^n$ 种可能结果. 设事件 A 表示 "至少有两个人的生日是同一天", 其中包含了 "两个人的生日同一天", "3 个人的生日同一天", …… 等复杂情况, 很难直接计算. 我们转而考虑 A 的对立事件 $\overline{A}$, 即 "没有两个人生日在同一天" 就会简单得多. $\overline{A}$ 包含有

$$365\cdot 364\cdot 363\cdot\ \cdots\ \cdot(365-n+1)$$

种可能结果. 这是因为第一个人可以是 365 天中的任何一天生日, 第二个人是剩下的 364 天中的任何一天, …… 第 n 个人是剩下的 $365-(n-1)$ 天中的任何一天等. 因此, 假定任何结果都是等可能的, 那么

$$P(\overline{A})=\frac{365\cdot 364\cdot 363\cdot\ \cdots\ \cdot(365-n+1)}{(365)^n}.$$

从而得到

$$P(A)=1-P(\overline{A})=1-\frac{365\cdot 364\cdot 363\cdot\ \cdots\ \cdot(365-n+1)}{(365)^n}.$$

令人惊奇的是, 当 $n\geqslant 23$ 时, 这一概率就大于 $\frac{1}{2}$. 也就是说, 当房间里有 23 个或更多人的时候, 至少有两个人的生日在同一天的概率超过了 50%. 事实上, 当 $n=50$, 这个概率会达到惊人的 97%. 这些结果出乎很多人的意料, 但它是正确的. 在一些简单情况下, 概率论的结果往往同我们的直观感觉相符. 但在复杂的随机现象中, 人们的直观感觉就不可靠了, 需要概率论来帮助我们做决策. □

3.2.2　几何概型

当样本空间中的样本点总数为无穷多时, 古典概率无法计算, 这时我们可以用几何度量 (如长度、面积、体积等) 来代替计数. 如果随机试验的样本空间为可度量的区域 Ω, 且试验结果在 Ω 中任一子区域 A 出现的可能性大小与 A 的几何度量成正比而与其位置或形状无关, 则称之为几何概型. 这时, 事件 A 的几何概率定义为

$$P(A)=\frac{A\text{ 的几何度量}}{\Omega\text{ 的几何度量}}.$$

例 3.2.7　甲、乙两船驶向一个不能同时停泊两艘轮船的码头, 它们在一昼夜内到达的时间是等可能的. 如果甲船停泊的时间是 1 h, 乙船停泊的时间是 2 h, 求其中任一艘船都无需等待码头空出的概率.

解　设甲、乙两船到达码头的时间分别是 x 和 y, 则

$$\Omega=\{(x,y)|0\leqslant x\leqslant 24, 0\leqslant y\leqslant 24\}$$

为一边长为 24 (h) 的正方形, 如图 3.3. 由题意, 当且仅当甲船比乙船早到 1 h 以上或者乙船比甲船早到 2 h 以上, 两船无需等待码头空出, 即事件

$$A=\{(x,y)|y-x\geqslant 1\quad\text{或}\quad x-y\geqslant 2, x,y\in[0,24]\}.$$

那么任一艘船都无需等待码头空出的概率

$$P(A)=\frac{0.5\times(24-1)^2+0.5\times(24-2)^2}{24^2}\approx 0.88.$$ □

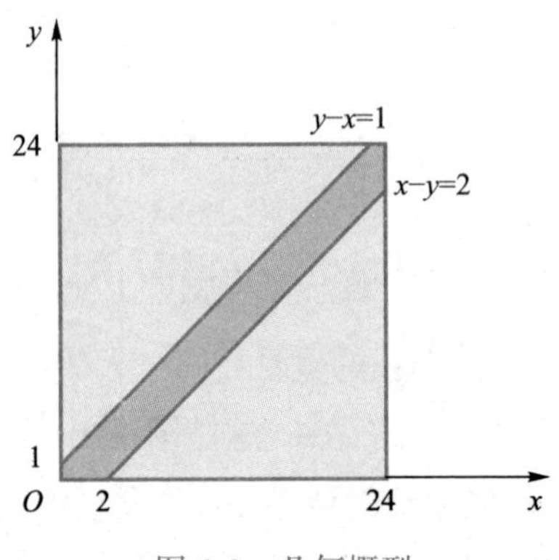

图 3.3　几何概型

3.3 条件概率

到目前为止，我们考虑的随机现象是孤立的，没有考虑新信息的影响. 例如，在今天早晨的天气预报中，有一个 "明天下雨" 的概率值，但这个概率值并不是一成不变的，在晚上的天气预报中往往会做出修正. 比如，当今天傍晚当地乌云密布，"明天下雨" 的概率值往往会上调. 我们称这个新的概率值为条件概率.

3.3.1 条件概率与乘法公式

例 3.3.1 (1) 从 1 到 10 这十个数字中任取一个数字，求这个数是 3 的倍数的概率；

(2) 从 1 到 10 这十个数字中任取一个数字，如果已知取到的是偶数，求这个数是 3 的倍数的概率.

解 用事件 A 表示 "取到的数是 3 的倍数"，事件 B 表示 "取到的数是偶数".

(1) 该问题的样本空间为 $\Omega = \{1, 2, \cdots, 10\}$，样本点是等可能的. $A = \{3, 6, 9\}$，所以 $P(A) = 3/10 = 0.3$；

(2) 如果已知取到的是偶数，也就是说，B 发生了，那么 Ω 里的各样本点就不再是等可能的了. 事实上，样本点 1, 3, 5, 7, 9 是不可能发生的，这时样本空间为 $B = \{2, 4, 6, 8, 10\}$，这 5 个样本点是等可能的. 或者说，对应于这个缩减的样本空间 B，事件 A 仅包含了一个样本点 6，这样取出的数是 3 的倍数的概率应为 $1/5 = 0.2$. 为了与 $P(A)$ 区别，这个新的概率记为 $P(A|B)$，称为在事件 B 发生的条件下，事件 A 的条件概率. □

现在我们来进一步分析例 3.3.1(2) 中 $P(A|B)$ 的内在规律. 事实上，对应于缩减的样本空间 B，事件 A 包含的样本点的集合就是 AB，可见

$$P(A|B) = \frac{n_{AB}}{n_B} = \frac{n_{AB}/n_\Omega}{n_B/n_\Omega} = \frac{P(AB)}{P(B)}.$$

其中 n_A 表示事件 A 包含的样本点数. 这个结果具有普遍意义，而且它定义在原始样本空间 Ω 上，不需要考虑缩减的样本空间. 下面，我们用这个关系作为条件概率的定义.

定义 3.3.1 设 $P(B)>0$, 称

$$P(A|B)=\frac{P(AB)}{P(B)} \tag{3.3.1}$$

为事件 B 发生的条件下事件 A 发生的条件概率.

例 3.3.2 一个盒子装有 5 只产品, 其中有 3 只正品, 2 只次品, 从中取产品两次, 每次任取一只, 取后不放回, 设事件 A 为 "第一次取到的是正品", 事件 B 为 "第二次取到的是正品". 求条件概率 $P(B|A)$.

解 样本点总数为 5×4, 各样本点等可能发生, 那么,

$$P(A)=\frac{3\times 4}{5\times 4}=\frac{3}{5},\quad P(AB)=\frac{3\times 2}{5\times 4}=\frac{6}{20}=\frac{3}{10}.$$

根据条件概率的定义,

$$P(B|A)=\frac{P(AB)}{P(A)}=\frac{3/10}{3/5}=\frac{1}{2}.$$

□

由公式 (3.3.1) 变形得到

$$P(AB)=P(B)P(A|B).$$

容易理解, 等价地有

$$P(AB)=P(A)P(B|A).$$

这两个公式称为乘法公式, 往往用于计算两个事件交的概率.

例 3.3.3 报社知道某社区 40% 的住户会订阅日报, 又知订阅日报的住户中有 75% 会订阅晚报. 从该社区任选一住户, 其既订阅日报又订阅晚报的概率为多少?

解 设 A 表示 "住户订阅日报", B 表示 "住户订阅晚报". 由题意, $P(A)=0.4, P(B|A)=0.75$, 所以

$$P(AB)=P(A)P(B|A)=0.4\times 0.75=0.3.$$

因此, 任选一住户既订阅日报又订阅晚报的概率为 0.3. □

3.3.2 全概率公式与贝叶斯公式

利用条件概率, 我们可以得到下面两个定理, 它们是在复杂背景中求随机事件发生概率的重要公式.

定理 3.3.1 (全概率公式) 假设 $A_i, i=1,2,\cdots,n$ 互不相容, 且 $\Omega=\bigcup_{i=1}^{n} A_i$, 这时我们称 $A_i, i=1,2,\cdots,n$ 构成样本空间的一个划分. 进一步, 假设 $P(A_i)>0, i=1,2,\cdots,n$, 那么

$$P(B)=\sum_{i=1}^{n} P(A_i)P(B|A_i). \tag{3.3.2}$$

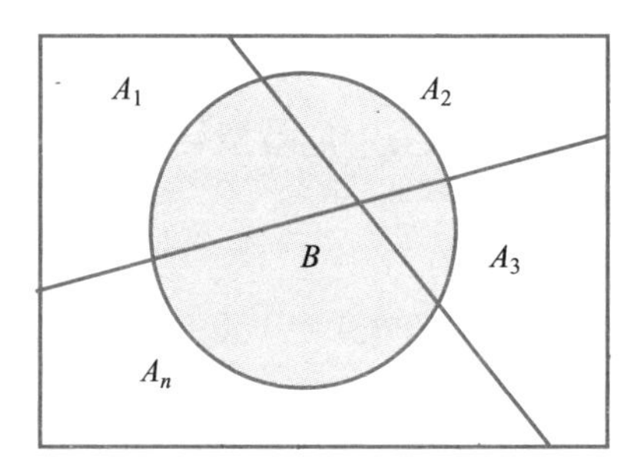

图 3.4 全概率公式

证明 参考图 3.4, 注意到

$$B=B\cap\Omega=B\bigcup_{i=1}^{n} A_i=\bigcup_{i=1}^{n}(BA_i)$$

由于 $A_1, A_2, \cdots, A_n$ 互不相容, 则 $BA_1, BA_2, \cdots, BA_n$ 也互不相容. 利用概率的可加性, 我们得到

$$P(B)=\sum_{i=1}^{n} P(BA_i)=\sum_{i=1}^{n} P(A_i)P(B|A_i),$$

最后一步利用了概率的乘法公式. □

定理 3.3.2 (贝叶斯公式) 若定理 3.3.1 的假设成立, 且 $P(B)>0$, 那么对任意 $k=1,2,\cdots,n$, 有

$$P(A_k|B)=\frac{P(A_k)P(B|A_k)}{\sum_{i=1}^{n} P(A_i)P(B|A_i)}. \tag{3.3.3}$$

证明 根据条件概率的定义,

$$P(A_k|B) = \frac{P(A_kB)}{P(B)},$$

对分子运用乘法公式, 同时对分母运用全概率公式得证. □

例 3.3.4 保险公司把车险投保人分为三类: “安全型”, “一般型” 与 “危险型”. 统计资料表明, 对于上述三类人而言, 在一年期间出交通事故的概率依次是 0.05, 0.15 与 0.3. 如果在投保人中 “安全型” 占 15%, “一般型” 占 55%, “危险型” 占 30%, 求

(1) 任一投保人在某年中出交通事故的概率是多少?

(2) 如果投保人在某年出了交通事故, 他属于 “安全型” 的概率是多少?

解 (1) 设 $B=\{$投保人出事故$\}$, $A_1=\{$投保人是 “安全型”$\}$, $A_2=\{$投保人是 “一般型”$\}$, $A_3=\{$投保人是 “危险型”$\}$, 显然 A_1, A_2, A_3 互不相容, 且 $\Omega = A_1 \cup A_2 \cup A_3$. 由题意,

$$P(A_1) = 0.15, \quad P(A_2) = 0.55, \quad P(A_3) = 0.30,$$

$$P(B|A_1) = 0.05, \quad P(B|A_2) = 0.15, \quad P(B|A_3) = 0.30,$$

所以由全概率公式, 得

$$\begin{aligned} P(B) &= P(A_1)P(B|A_1) + P(A_2)P(B|A_2) + P(A_3)P(B|A_3) \\ &= 0.15 \times 0.05 + 0.55 \times 0.15 + 0.30 \times 0.30 = 0.18. \end{aligned}$$

(2) 利用贝叶斯公式,

$$P(A_1|B) = \frac{P(A_1)P(B|A_1)}{P(B)} = \frac{0.15 \times 0.05}{0.18} \approx 0.042.$$ □

如果我们要求某事件 B 的概率, 但 B 的发生比较复杂, 不易直接求出, 它涉及多个 “前提” $A_1, A_2, \cdots, A_n$, 给定各种前提 A_i 的先验概率 $P(A_i)$, 以及 A_i 发生条件下 B 发生的条件概率 $P(B|A_i)$, 这时我们就可以利用全概率公式求得 “结果” B 发生的概率, 它实际上是对在各种前提下的条件概率 $P(B|A_i)$ 作了一个加权平均. 而贝叶斯公式解决的问题可以看成一个逆向过程, 它是在已知 “结果” B 发生的这一新增信息下, 对某个前提 A_k 的先验概率 $P(A_k)$ 作出修正, 所

得条件概率 $P(A_k|B)$ 称为前提 A_k 的后验概率. 贝叶斯公式是由英国数学家贝叶斯 (Bayes, 1702—1761) 首先提出的, 是当今统计学的一大流派 —— 贝叶斯学派的起点.

图 3.5 描述了例 3.3.4 的求解过程. 不难看出, 第 (1) 小题用全概率公式所求 $P(B)$ 的结果就是将三类人出事故的概率 $0.05, 0.15, 0.30$ 作了一个加权平均:

$$0.15 \times 0.05 + 0.55 \times 0.15 + 0.30 \times 0.30 = 0.18.$$

其中三个权重 $0.15, 0.55, 0.30$ 恰好就是三类人在人群中所占的比例. 而第 (2) 小题用贝叶斯公式求条件概率 $P(A_1|B)$ 是一个逆向过程. 对于任意一个投保人, 如果不知道他更多的信息, 我们只能按人群比例 (即先验概率) 推断其属于 "安全型" 的概率为 15%. 现在, 已知该投保人发生了交通事故, 这是一个新的信息, 我们应根据新信息重新对他进行评估, 结论是他属于 "安全型" 的 (后验) 概率为 4.2%, 小于先验概率.

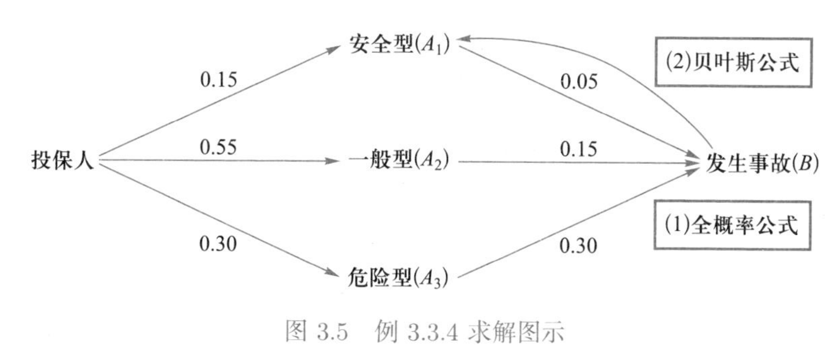

图 3.5 例 3.3.4 求解图示

接下来, 我们将用更多的例子说明如何根据新增的信息对先验概率进行修正, 得到后验概率.

例 3.3.5 在回答一道单项选择题时, 考生在不懂得解答时可以猜测答案, 猜对的概率是 $\dfrac{1}{m}$, m 是选项数. 令 p 表示他懂得解答的概率, $1-p$ 表示他不懂得解答的概率. 则在某考生选择正确的条件下, 他懂得解答的概率是多大?

解 设 A 和 B 分别代表 "他懂得解答" 和 "他选择正确". 这时, A 与 $\overline{A}$ 构成一个划分. 这里需要求条件概率 $P(A|B)$, 根据贝叶斯公式,

$$P(A|B) = \frac{P(A)P(B|A)}{P(A)P(B|A) + P(\overline{A})P(B|\overline{A})} = \frac{p \times 1}{p \times 1 + (1-p)(1/m)} = \frac{mp}{1+(m-1)p}.$$

例如, 当 $m=5, p=0.5$, 则他在选择正确时真正懂得解答的概率是 $\frac{5}{6}$. □

例 3.3.6 一个实验室提出了一种对患病者 99% 有效的血液测试方法来检测某种疾病. 但是, 对健康人来说这个测试也有 1% 的可能会产生 "假阳性" (即如果一个健康人进行测试, 则测试结果将显示他得病的概率是 0.01). 根据统计, 人群中有 0.5% 患病. 如果一个人的测试结果是阳性, 那么他确实患有此病的概率是多少?

解 设 A 代表 "测试者患病", B 代表 "他的测试结果是阳性". 根据贝叶斯公式, 所求的条件概率

$$\begin{aligned} P(A|B) &= \frac{P(B|A)P(A)}{P(B|A)P(A)+P(B|\bar{A})P(\bar{A})} \\ &= \frac{0.99\times 0.005}{0.99\times 0.005+0.01\times 0.995} \\ &= 0.3322. \end{aligned}$$

结果表明, 只有约三分之一测试结果为阳性的测试者确实患有此病. □

很多人对例 3.3.6 的结论感到惊讶, 因为这与 "测试方法对患病者 99% 有效" 的说法看似有很大反差. 其实这不难理解. 既然人群中有 0.5% 患病, 说明平均每 20000 个测试者中有 100 个人患病. 而测试将显示这 100 个患者中 99 个为阳性. 另一方面, 这个测试将错误地显示 19900 个健康人中有 199 个阳性. 因此, 测试结果为阳性的人中确实患病的比例是

$$\frac{99}{99+199} = 0.3322.$$

实际应用中, 例 3.3.6 这种医学测试一般不会用在普通人群中, 而是在疑似病人身上使用. 例如, 医生根据经验估计某人有 50% 的可能性患有此病, 但还没有确诊的把握, 于是就让他参加该项测试, 如果测试结果是阳性, 那么根据贝叶斯公式, 他确实患有此病的概率为

$$\frac{0.99\times 0.5}{0.99\times 0.5+0.01\times 0.5} = 0.99.$$

医生的先验概率只有 50%, 但经过测试, 后验概率提高到 99%, 就很有把握确诊病情了.

3.4 事件的独立性

从上一节可以看出, 条件概率 $P(A|B)$ 一般与 $P(A)$ 是不同的, 说明 B 的发生与否对 A 发生的概率大小有影响. 但是有时条件概率 $P(A|B)$ 也会与 $P(A)$ 相同, 即 $P(A|B)=P(A)$, 这时 B 的发生与否对 A 发生的概率没有影响. 由乘法公式可知

$$P(AB)=P(B)P(A|B)=P(A)P(B),$$

这样可以得到

$$P(B|A)=\frac{P(AB)}{P(A)}=P(B).$$

可知这时 A 的发生与否对 B 发生的概率也没有影响. 我们称事件 A 与 B 相互独立.

独立性是概率论与数理统计中极其重要的一个假设. 在独立性假设下, 很多复杂问题的讨论可以大大简化.

定义 3.4.1 (两个事件的独立性) 对于随机事件 A 和 B, 若

$$P(AB)=P(A)P(B), \tag{3.4.1}$$

则称事件 A 与 B相互独立, 简称独立.

例 3.4.1 设事件 A 与 B 相互独立, 且 $P(B)=0.5$, $P(A-B)=0.3$, 求 $P(B-A)$.

解 已知 $P(A-B)=0.3$, 因为 A 与 B 相互独立, 且 $P(B)=0.5$,

$$\begin{aligned}P(A-B)&=P(A)-P(AB)=P(A)-P(A)P(B)\\&=P(A)-0.5P(A)=0.5P(A),\end{aligned}$$

结合 $P(A-B)=0.3$ 得 $P(A)=0.6$, 所以

$$\begin{aligned}P(B-A)&=P(B)-P(AB)=P(B)-P(A)P(B)\\&=0.5-0.5\times0.6=0.5-0.3=0.2.\end{aligned}$$

□

例 3.4.2　一张牌是随机从一副 52 张的扑克牌中选取的. 如果事件 A 表示抽出来的牌是 “10”, 事件 B 表示抽出来的牌是 “黑桃”, 考察 A 和 B 是否相互独立.

解　因为 $P(A)=\frac{4}{52}$, $P(B)=\frac{13}{52}$, 而 $P(AB)=\frac{1}{52}$, 所以 $P(AB)=P(A)P(B)$. A 和 B 相互独立. □

例 3.4.3　袋中有 3 个白球, 2 个黑球, 从袋中陆续取出两个球, 设事件 A 表示 “第一次取出的是白球”, 事件 B 表示 “第二次取出的是白球”, 考察在放回和不放回两种情形下, 事件 A 和 B 是否相互独立.

解　在放回的情形下: $P(B|A)=P(B)=\frac{3}{5}$, 即 A 与 B 是相互独立的.

在不放回的情形下: $P(B|A)=\frac{2}{4}=\frac{1}{2}$, 由全概率公式, 有

$$P(B)=P(B|A)P(A)+P(B|\overline{A})P(\overline{A})=\frac{2}{4}\times\frac{3}{5}+\frac{3}{4}\times\frac{2}{5}=\frac{3}{5}.$$

所以 $P(B|A)\neq P(B)$, 即 A 与 B 不是相互独立的. □

例 3.4.3 的结论不难理解, 在放回的情形下, 第一次取球的结果对第二次取球不产生影响, 所以是独立的. 而在不放回的情形下, 第一次取球的结果对第二次取白球的概率有影响, 所以不是相互独立的. 在实际问题中, 我们并不一定要根据数学关系来验证事件的独立性, 往往根据实际背景就可以做出判断.

性质 3.4.1　如果 A 与 B 相互独立, 则 A 与 $\overline{B}$, $\overline{A}$ 与 B, $\overline{A}$ 与 $\overline{B}$ 都两两相互独立.

证明　假设 A 和 B 相互独立, 因为 $A=AB\cup A\overline{B}$, 且 AB 和 $A\overline{B}$ 是互不相容的, 则根据概率的可加性,

$$\begin{aligned}P(A)&=P(AB)+P(A\overline{B})\\&=P(A)P(B)+P(A\overline{B}).\end{aligned}$$

这里第二个等式利用了 A 和 B 的独立性. 这样

$$\begin{aligned}P(A\overline{B})&=P(A)[1-P(B)]\\&=P(A)P(\overline{B}).\end{aligned}$$

所以 A 和 $\overline{B}$ 相互独立. 利用独立性定义中 A 与 B 的对称性, 可知 $\overline{A}$ 与 B, $\overline{A}$ 与 $\overline{B}$ 都两两相互独立. □

下面我们来考虑三个事件的独立性.

定义 3.4.2 (三个事件的独立性) 三个事件 A, B, C 相互独立, 如果下面的式子成立:

$$P(ABC) = P(A)P(B)P(C),$$

$$P(AB) = P(A)P(B),$$

$$P(AC) = P(A)P(C),$$

$$P(BC) = P(B)P(C).$$

由定义我们知道, 三个事件的独立性可以导出任意两个事件的独立性. 但是下面的例子告诉我们, 反过来不一定成立.

例 3.4.4 抛掷两颗均匀骰子, 用 A 表示事件 "两颗骰子点数的总和是 7", 用 B 表示 "第一颗骰子点数是 4", 用 C 表示 "第二颗骰子点数是 3", 问 A, B, C 三者是否相互独立?

解 抛掷两颗均匀骰子, 样本点总数为 36. 其中 "两颗骰子点数的总和是 7" 的情况有

$$(1,6),(2,5),(3,4),(4,3),(5,2),(6,1).$$

所以 $P(A) = \frac{1}{6}$. 易知 $P(B) = P(C) = \frac{1}{6}$. 进一步有

$$P(AB) = P(BC) = P(AC) = P(ABC) = \frac{1}{36}.$$

从而可知

$$P(AB) = P(A)P(B),$$

$$P(AC) = P(A)P(C),$$

$$P(BC) = P(B)P(C),$$

所以 A, B, C 是两两独立的. 然而

$$P(ABC) \neq P(A)P(B)P(C),$$

所以三个事件 A, B, C 不是相互独立的. □

我们还可以把独立的定义扩展到多个事件. 称事件 $A_1, A_2, \cdots, A_n$ 相互独立, 若对这些事件的任一子族 $A_{1'}, A_{2'}, \cdots, A_{r'}$, $r \leqslant n$, 有

$$P(A_{1'}A_{2'}\cdots A_{r'}) = P(A_{1'})P(A_{2'})\cdots P(A_{r'}).$$

例 3.4.5　小李去彩票销售中心购买福利彩票. 该福利彩票每注 2 元且单注中奖的概率为 6%. 若小李用 100 元购买了 50 张彩票, 问小李中奖的概率是多少?

解　由于彩票总的发行量巨大, 单张彩票之间中奖与否影响很小, 可以认为是相互独立的. 设 $A_i(i = 1, 2, \cdots, 50)$ 表示 "第 i 张彩票中奖", B 表示 "小李中奖", 则

$$B = A_1 \cup A_2 \cup \cdots \cup A_{50}.$$

$$\begin{aligned} P(B) &= 1 - P(\overline{B}) = 1 - P(\overline{A}_1\overline{A}_2\cdots\overline{A}_{50}) \\ &= 1 - P(\overline{A}_1)P(\overline{A}_2)\cdots P(\overline{A}_{50}) = 1 - (1 - 0.06)^{50} \\ &= 0.9547. \end{aligned}$$

可见, 尽管每张彩票的中奖概率只有 6%, 但购买 50 张彩票的中奖概率超过了 95%, 是一个大概率事件. □

例 3.4.6　一个系统由 n 个独立的元件并联组成 (见图 3.6). 如果至少有一个元件起作用, 并联系统就可以正常工作. 若每个组件起作用的概率为 p, 且组件之间相互独立. 要使系统正常工作的概率达到 90% 以上, 至少需要多少个元件并联?

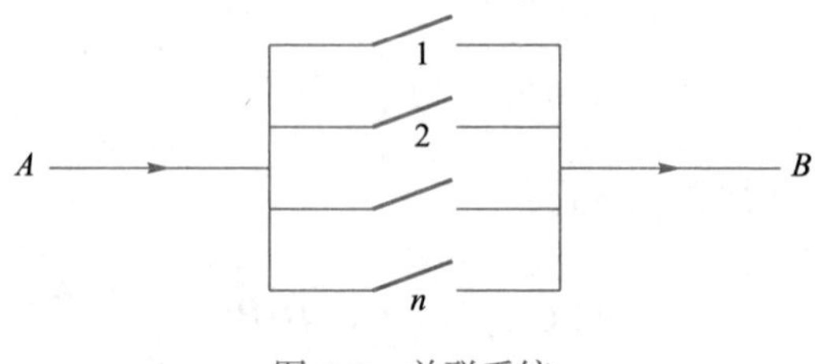

图 3.6　并联系统

解 设事件 A_i 表示组件 i 起作用, 那么

$$\begin{aligned} P\{\text{系统正常工作}\} &= 1 - P\{\text{系统失效}\} \\ &= 1 - P\{\text{所有元件失效}\} \\ &= 1 - P(\overline{A}_1\overline{A}_2\cdots\overline{A}_n) \\ &= 1 - \prod_{i=1}^{n} P(\overline{A}_i) \quad (\text{利用独立性}) \\ &= 1 - (1-p)^n. \end{aligned}$$

要使 $1-(1-p)^n \geqslant 0.9$, 解得

$$n \geqslant \frac{\ln 0.1}{\ln(1-p)}.$$

特别地, 当 $p = 0.3$, $n \geqslant 7$. 可见, 对于可靠性不高的元件, 可通过并联设计显著提高整个系统的可靠性. □

习题

1. 试建立描述下面各随机现象的样本空间.

(1) 将一枚硬币抛 3 次, 观察正面出现的总次数;

(2) 将一枚硬币抛 3 次, 观察正面、反面出现的具体情况;

(3) 掷 2 颗骰子, 记录两颗骰子点数之和;

(4) 生产产品直到出现 1 件不合格品为止, 记录生产出的合格品的总件数;

(5) 在单位圆内任取一点, 记录它的坐标.

2. 令 $\Omega = \{1,2,3,4,5,6,7\}$, $A = \{1,3,5,7\}$, $B = \{7,4,6\}$, $C = \{1,4\}$. 写出

(1) AB;

(2) $A \cup BC$;

(3) $A\overline{C}$;

(4) $A\overline{B} \cup C$;

(5) $\overline{A}(B \cup C)$;

(6) $AC \cup BC$.

3. 投掷两个骰子. 令 A 代表点数之和为奇数的事件, 令 B 代表第一次掷骰子出现 1 的事件, 并且令 C 代表点数之和为 5 的事件. 描述事件 AB, $A\cup B$, BC, $A\overline{B}$, ABC.

4. 从一批产品中随机抽取 4 个产品, A_i 表示 "抽取的第 i 个产品是合格品", $i=1,2,3,4$. 试用 A_i 表示下列各事件.

(1) 4 个产品全是合格品;

(2) 至少有一个产品不合格;

(3) 只有一个产品不合格;

(4) 4 个产品中恰有两个不合格.

5. 如果 $P(A)=P(B)=0.9$, 证明 $P(AB)\geqslant 0.8$.

6. 证明 $P(\overline{A}\,\overline{B})=1-P(A)-P(B)+P(AB)$.

7. 已知 $B\subset A$, $P(A)=0.9$, $P(\overline{B}\cup\overline{C})=0.8$, 求 $P(A-BC)$.

8. 已知 $P(A)=0.4$, $P(B)=0.25$, $P(A-B)=0.25$, 求 $P(AB)$, $P(A\cup B)$, $P(B-A)$ 和 $P(\overline{A}\,\overline{B})$.

9. 设 A, B 为两个随机事件, 已知 A 和 B 至少有一个发生的概率为 $\dfrac{1}{3}$, A 发生且 B 不发生的概率为 $\dfrac{1}{9}$, 求 B 发生的概率.

10. 如果一个家庭有 5 个人, 至少有两个人星座一致的概率是多大?

11. 市内电话号码由 8 个数字组成, 第一位不能是 0 或 1, 其他位置可以是任意数字. 随机取一串电话号码, 求

(1) 至少含有一个 8 的概率;

(2) 含有重复数字的概率.

12. 在 1 至 2000 中随机取一个整数, 问被取到的数

(1) 能被 8 整除的概率;

(2) 能被 6 整除的概率;

(3) 既不能被 8 整除又不能被 6 整除的概率.

13. 在 100 件产品中有 5 件是不合格品, 每次从中随机地抽取 1 件, 取后不放回, 问第 3 次才取到首件不合格品的概率是多少?

14. 通过计算分析下列概率论发展初期帕斯卡与费马讨论的赌博问题.

(1) 玩家连续掷 4 次骰子, 如果其中没有 6 点出现, 玩家赢, 如果出现一次 6 点, 则庄家赢. 按照这一游戏规则, 从长期来看, 庄家扮演赢家的角色, 而玩家大部分时间是输家.

(2) 后来游戏规则发生了些许变化, 玩家用 2 个骰子连续掷 24 次, 不同时出现 2 个 6 点, 玩家赢, 否则庄家赢. 当时人们普遍认为, 出现 2 个 6 点的概率是出现一个 6 点的概率的 $\frac{1}{6}$, 因此 6 倍于前一种规则的次数, 也就是掷 24 次时赢或输的概率与以前是相等的. 然而事实却并非如此, 从长期来看, 此时庄家处于输家的状态.

15. ★ "双色球" 彩票投注区分为红色球号码区和蓝色球号码区. 红色球号码从 01 至 33 中选择, 蓝色球号码从 01 至 16 中选择. 彩民投注方式是从红色球号码中选择 6 个号码 (不分次序), 从蓝色球号码中选择 1 个号码, 组合为一注投注号码. "双色球" 通过摇奖器确定中奖号码, 摇奖时先摇出 6 个红色球号码 (不重复), 再摇出 1 个蓝色球号码, 摇出的红色球号码按从小到大的顺序和蓝色球号码一起公布. 其中一、二、三等奖的中奖条件分别为 "6+1"、"6+0", "5+1". 具体来说, 若彩民投注号码的 6 个红色球号码与摇出的 6 个红色球号码完全一致, 且投注号码的 1 个蓝色球号码也与摇出的蓝色球号码一致, 就中一等奖; 若 6 个红色球号码与摇出的 6 个红色球号码完全一致, 但蓝色球号码不一致, 就中二等奖; 若 6 个红色球号码中只有 5 个数字与摇出的红色球号码相同, 且蓝色球号码一致, 就中三等奖. 分别求 "双色球" 彩票一、二、三等奖的中奖概率.

16. 某长途班车每隔半个小时发一次车, 如果一个乘客不知道班车时间而随机到达车站, 求他等待班车的时间超过 10 min 的概率.

17. 在区间 (0,1) 内随机地取两个数, 求两数之和小于 1.5 的概率.

18. 王同学与李同学约定某日下午 1:00 至 2:00 在校图书馆碰面, 先到的人在等待 20 min 后离去, 求他们能够碰面的概率.

19. 已知 $P(A)=0.8, P(B)=0.7, P(A-B)=0.2$, 求 $P(B|\overline{A})$.

20. 已知 $P(A)=\frac{1}{4}, P(B|A)=\frac{1}{3}, P(A|B)=\frac{1}{2}$, 求 $P(A\cup B)$.

21. 王老师所在的学校有 50% 的可能在杭州设立分校. 如果这个分校设立, 那么他有 70% 的把握成为这个分校的校长. 那么王老师成为杭州分校的校长的概率为多少?

22. 在 3 张卡片中, 一张在两面都涂成红色, 一张在两面都涂成黑色, 一张一面涂成黑色, 另一面涂成红色. 一张卡片被随机选取并放在桌子上. 如果上面是红色, 则另一面也是红色的概率是多大?

23. 一对夫妻有 2 个小孩,

(1) 如果已知年长的是女孩, 则两个孩子都是女孩的概率是多大?

(2) 如果家庭中有一个女孩, 则两个孩子都是女孩的概率是多大?

24. 在某所大学里, 60% 的学生是女性, 10% 的学生主修计算机科学, 3% 的学生是女性并主修计算机科学. 随机选择一个学生,

(1) 如果这个学生是女性, 给出这个学生主修计算机科学的概率;

(2) 如果这个学生主修计算机科学, 给出这个学生是女性的概率.

25. 有两个工厂生产收音机. A 工厂的次品率是 0.05, B 工厂的次品率是 0.01. 假设你购买的两个收音机是在同一个工厂生产的, 由工厂 A 和 B 生产的概率相同. 如果你检查发现买的第一个收音机是次品, 则另一个也是次品的概率是多大?

26. 保险公司把投保的人群分为了两类 —— 事故敏感型和非事故敏感型. 保险公司的统计数据显示 30% 的投保人属于事故敏感型, 事故敏感型的人一年内发生事故的概率为 0.4, 而这个数据对于非事故敏感型为 0.2, 那么

(1) 一个新的投保人在购买保险的这一年中发生事故的概率是多少?

(2) 假设新的投保人在投保的这一年中已经发生过了一次事故, 那么这个人属于事故敏感型人群的概率是多少?

27. 设有一批产品由甲、乙、丙三家工厂所生产, 产量依次占 50%、25% 和 25%. 又知甲、乙两厂生产的有 2% 是次品; 丙工厂生产的有 4% 是次品. 现任取一个产品, 问拿到的是次品的概率为多少? 若拿到的是次品, 问它是甲工厂生产的概率为多少?

28. 某商店成箱出售杯子, 每箱 20 只, 假定各箱中有 0, 1, 2 只残次品的概率依次为 0.8, 0.1, 0.1. 一位顾客购买时, 售货员随机地取一箱, 而顾客随机地观察该箱中的 4 只杯子, 若无残次品, 则买下该箱杯子, 否则退回.

(1) 求顾客买下该箱杯子的概率;

(2) 求在该顾客买下的一箱中确实没有残次品的概率.

29. 一架飞机失踪了, 据推测, 它有相同的概率落在 3 个可能的地区. 令 α_i 表示飞机落在第 i 个地区却找不到的概率, $i=1,2,3$. (常量 α_i 称为被忽略的可能性, 因为它们代表飞机被忽略的概率, 通常取决于该地区的地理和环境条件.) 已知对地区 1 的搜寻是失败的, 那么飞机落在第 i 地区的条件概率是多少 $(i=1,2,3)$?

30. 已知 $P(A)=0.2$, $P(B)=0.3$. 在下列假设下, 求 A 和 B 中至少有一事件发生的概率:

(1) 如果 A 和 B 互不相容;

(2) 如果 A 和 B 相互独立.

31. 在什么条件下, 两个随机事件既相互独立, 又互不相容? 为什么?

32. 设事件 A, B 相互独立, $P(A)=0.6$, $P(A\cup B)=0.8$, 求 $P(\overline{B})$ 和 $P(A\overline{B})$.

33. 设 A, B, C 相互独立, 证明 A 与 $B\cup C$ 相互独立.

34. 加工零件要三道工序, 三道工序的次品率分别为 2%, 3% 和 5%, 各道工序互不影响, 问加工出来的零件的次品率是多少?

35. 假设有 n 次独立实验, 每次的结果都是 0 ,1 或者 2, 其概率分别是 0.3, 0.5, 0.2, 找出结果 1 和 2 都至少发生一次的概率.

36. 考虑一个有 n 个组件的并联系统, 并且假设每个组件独立工作的概率是 $\frac{1}{2}$. 在系统运行的前提下, 组件 1 工作的条件概率是多少?

第 3 章补充例题与习题

第 4 章 随机变量的概率分布与数字特征

当我们在进行一次随机试验时, 往往不是对试验结果的所有细节都感兴趣, 而只关心试验结果所带来的某些数量关系. 如, 在掷两颗骰子时, 我们往往关心的是两颗骰子点数的总和, 而不是单个骰子的点数. 又如, 检查某一批产品的次品率时, 我们关心的是取出样品中的次品总数, 而不关心某个特定样品是否为次品. 这些取值具有不确定性的变量称为随机变量, 它的取值由试验结果所决定, 而我们主要对它取哪些值及对应于这些取值的概率感兴趣. 本章我们将介绍随机变量的一些基本理论, 包括它的概率分布和数字特征. 有关概率统计中一些常用的随机变量的介绍被安排在下一章.

4.1 随机变量及其概率分布

4.1.1 离散型随机变量及其分布律

例 4.1.1 假设 X 表示投掷两颗相同骰子出现的点数之和, 则它是随机变量. 问 X 可能取哪些值? 取这些值的概率分别为多少?

解 利用第 3 章中古典概率的方法. 两颗骰子编号为甲和乙, 用 i, j 分别表示它们的点数, 其样本空间为

$$\Omega = \{(i,j), i,j = 1,2,\cdots,6\}.$$

显然 Ω 是一个古典概型. 不难计算得到 X 的取值及对应于这些取值的概率如表 4.1. □

表 4.1 例 4.1.1 的分布律表

x_i	2	3	4	5	6	7	8	9	10	11	12
$P\{X=x_i\}$	$\frac{1}{36}$	$\frac{2}{36}$	$\frac{3}{36}$	$\frac{4}{36}$	$\frac{5}{36}$	$\frac{6}{36}$	$\frac{5}{36}$	$\frac{4}{36}$	$\frac{3}{36}$	$\frac{2}{36}$	$\frac{1}{36}$

定义 4.1.1 (离散型随机变量) 若随机变量 X 的取值集合是有限个数值或一个数值序列 $x_1,x_2,\cdots,x_k,\cdots$, 则称 X 为一个离散型随机变量, 并且称

$$p(x_i)=P\{X=x_i\},\quad i=1,2,\cdots \tag{4.1.1}$$

为它的分布律或概率质量函数.

分布律常常如表 4.1 那样列出, 称为分布律表,也可以用柱形图直观地画出来, 称为分布律图. 例 4.1.1 的分布律如图 4.1 所示. 利用概率的非负性和可加性, 容易得到下列性质.

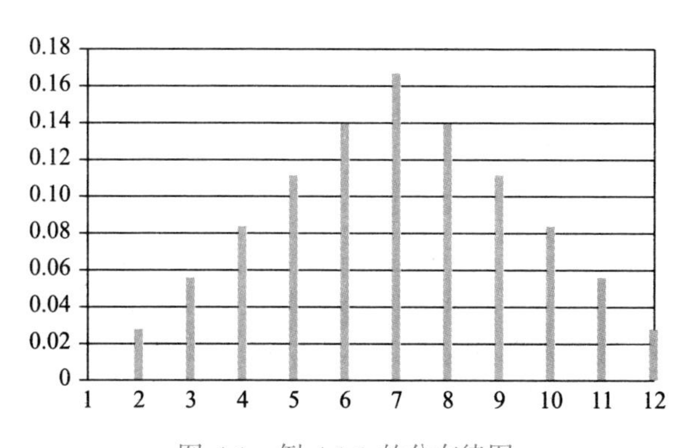

图 4.1 例 4.1.1 的分布律图

性质 4.1.1 对于任意的分布律, 有

(1) $0\leqslant p(x_i)\leqslant 1,\quad i=1,2,\cdots$;

(2) $\sum\limits_i p(x_i)=1$.

4.1.2 分布函数

定义 4.1.2 (分布函数) 对于任意的随机变量 X 和任意实数 x, 称函数

$$F(x)=P\{X\leqslant x\},\quad -\infty<x<+\infty$$

为随机变量 X 的分布函数或者累积概率函数.

分布函数 $F(x)$ 在 x 的值就是随机变量 X 的取值小于等于实数 x 的概率. 利用概率的非负性和可加性, 容易得到下列性质.

性质 4.1.2 (1) $0\leqslant F(x)\leqslant 1$;

(2) $F(x)$ 是非减函数, 且 $F(-\infty)=0, F(+\infty)=1$;

(3) 对于任意实数 $a<b$, 有 $P\{a<X\leqslant b\}=F(b)-F(a)$.

例 4.1.2 假设随机变量 X 有如下的分布函数

$$F(x)=\begin{cases}1-\mathrm{e}^{-x}, & x>0,\\ 0, & x\leqslant 0.\end{cases}$$

求 $P\{-2<X\leqslant 1\}, P\{X>1\}$ 和 $P\{X=1\}$.

解

$$P\{-2<X\leqslant 1\}=F(1)-F(-2)=(1-\mathrm{e}^{-1})-0=0.632.$$

$$P\{X>1\}=1-P\{X\leqslant 1\}=1-F(1)=1-(1-\mathrm{e}^{-1})=0.368.$$

$$\begin{aligned}P\{X=1\}&=P\{X\leqslant 1\}-P\{X<1\}=F(1)-\lim_{x\to 1^-}F(x)\\&=F(1)-\lim_{x\to 1}(1-\mathrm{e}^{-x})=(1-\mathrm{e}^{-1})-(1-\mathrm{e}^{-1})=0.\end{aligned}$$

□

如果 X 是一个取值为 $x_1, x_2, \cdots$ 的离散型随机变量, 那么

$$F(x)=\sum_{x_i\leqslant x}p(x_i).$$

可见其分布函数 $F(x)$ 是一个阶梯函数. 具体地说, $F(x)$ 在区间 $[x_{i-1}, x_i)$ 上的函数值为常数且在每一个 x_i 处产生一个向上的跳跃.

例 4.1.3 设随机变量 X 的分布律如下表, 其中 c 为常数. 求 $P\{X>1\}$ 和 X 的分布函数.

x_i	1	2	3
$p(x_i)$	$\frac{1}{2}$	$\frac{1}{3}$	c

解 由

$$p(1)+p(2)+p(3)=1,$$

得到

$$c=P\{X=3\}=1-\frac{1}{2}-\frac{1}{3}=\frac{1}{6}.$$

而

$$P\{X>1\}=P\{X=2\}+P\{X=3\}=\frac{1}{3}+\frac{1}{6}=\frac{1}{2}.$$

进一步,

$$F(x)=P\{X\leqslant x\}=\begin{cases}0, & x<1,\\ \frac{1}{2}, & 1\leqslant x<2,\\ \frac{5}{6}, & 2\leqslant x<3,\\ 1, & x\geqslant 3.\end{cases}$$

图 4.2 和图 4.3 分别给出了本题分布律 $p(x)$ 和分布函数 $F(x)$ 的图像. □

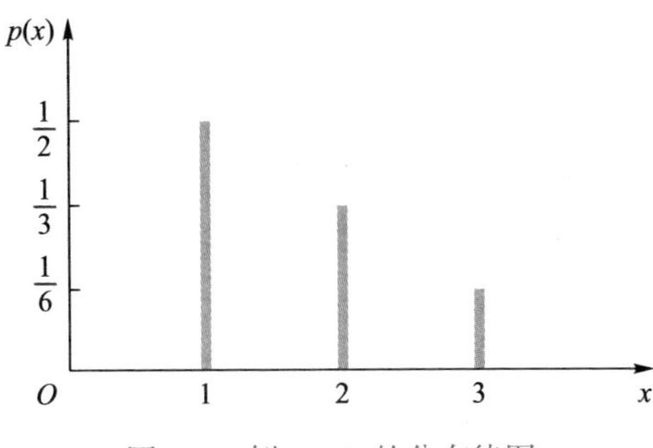

图 4.2 例 4.1.3 的分布律图

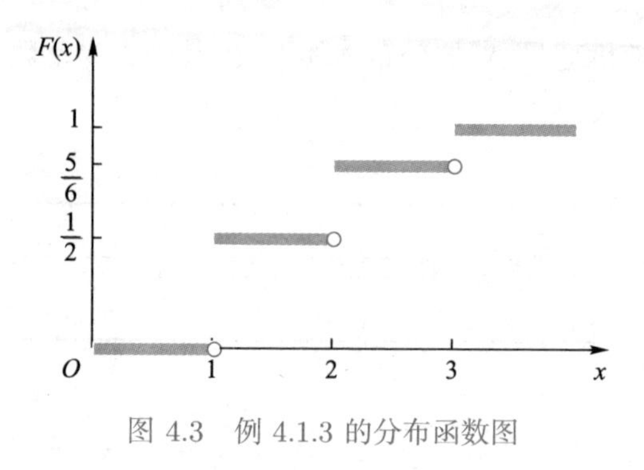

图 4.3 例 4.1.3 的分布函数图

4.1.3 连续型随机变量及其密度函数

离散型随机变量可能的取值为一个序列. 然而如例 4.1.2 中的随机变量, 其可能的取值不限于一个离散的序列, 而是连续地在一个区间上取值, 我们称这样的随机变量为连续型随机变量. 尽管分布函数也可以用于表达连续型随机变量的概率分布, 但它是随机变量在某点左边取值概率的累积结果, 不如分布律 (或称概率质量函数) 那样直观. 另一方面, 连续型随机变量的分布函数为连续函数, 在任何一个单点的概率为 0 (如例 4.1.2), 就无法使用概率质量函数来描述. 对于连续型随机变量, 我们将用概率密度函数来代替离散型随机变量的概率质量函数, 以直观地表示它的概率分布.

定义 4.1.3 如果存在一个非负函数 $f(x)$, 使得对任意一个实数集合 B 均有

$$P\{X \in B\} = \int_B f(x)\mathrm{d}x \tag{4.1.2}$$

成立, 则称 X 为连续型随机变量, 其中 $f(x)$ 称为它的概率密度函数, 简称密度函数.

不难证明概率密度函数具有下列性质.

性质 4.1.3 设 $f(x)$ 是随机变量 X 的概率密度函数, 那么

(1) $f(x) \geqslant 0$;

(2) $\displaystyle\int_{-\infty}^{+\infty} f(x)\mathrm{d}x = 1$;

(3) 任意 $a \leqslant b, P\{a < X < b\} = \displaystyle\int_a^b f(x)\mathrm{d}x$;

(4) X 的分布函数 $F(x)=\int_{-\infty}^{x}f(t)\mathrm{d}t$, 而 $F'(x)=f(x)$.

关于 X 的所有概率计算与分析都可以通过 $f(x)$ 来处理. 特别地, 对任意实数 a, $P\{X=a\}=\int_{a}^{a}f(x)\mathrm{d}x=0$. 可见连续型随机变量取任意特定值的概率为 0, 所以, 连续型随机变量的分布函数是连续函数, 且用性质 4.1.3 (3) 计算概率时我们不必关注区间的开或闭, 因为它不会影响概率值的大小. 同理, 密度函数在个别点取值的改变甚至没有定义也不会影响概率值的计算.

图 4.4 给出了概率 $P\{a<X<b\}$ 的几何意义. 注意, $f(x)$ 本身的值不是概率, 它的值可能会大于 1. 概率密度函数与概率的关系完全类似于物理学中密度函数与质量的关系. 这通过性质 4.1.3 (3) 可以得到一个更加直观的解释: 当 ε 充分小时, 有

$$P\left\{a-\frac{\varepsilon}{2}\leqslant X\leqslant a+\frac{\varepsilon}{2}\right\}=\int_{a-\frac{\varepsilon}{2}}^{a+\frac{\varepsilon}{2}}f(x)\mathrm{d}x\approx\varepsilon f(a).$$

换句话说, X 取值于区间 $\left[a-\frac{\varepsilon}{2},a+\frac{\varepsilon}{2}\right]$ 上的概率近似为 $\varepsilon f(a)$. 由此看来, $f(a)$ 可以衡量随机变量取值在 a 附近的可能性有多大.

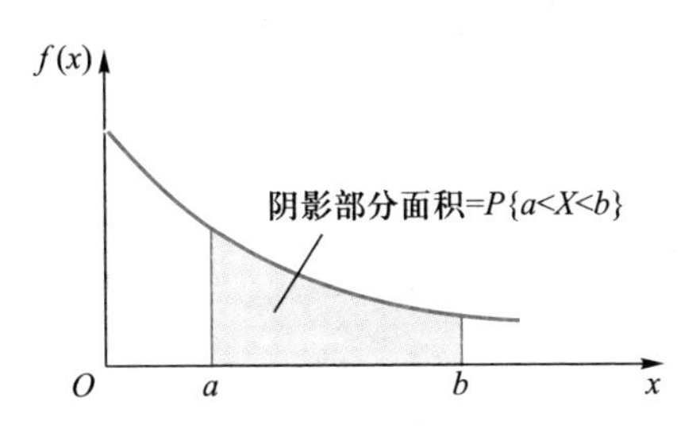

图 4.4 概率 $P\{a<X<b\}$ 的几何意义

例 4.1.4 假设连续型随机变量 X 的概率密度函数为

$$f(x)=\begin{cases}\lambda\mathrm{e}^{-\lambda x}, & x>0,\\ 0, & \text{其他},\end{cases}$$

其中参数 $\lambda>0$. 求它的分布函数.

解 根据性质 4.1.3 (4), 当 $x\leqslant 0$ 时,

$$F(x)=\int_{-\infty}^{x}f(t)\mathrm{d}t=\int_{-\infty}^{x}0\mathrm{d}t=0;$$

当 $x>0$ 时,

$$F(x)=\int_{-\infty}^{x}f(t)\mathrm{d}t=\int_{-\infty}^{0}0\mathrm{d}t+\lambda\int_{0}^{x}\mathrm{e}^{-\lambda t}\mathrm{d}t=1-\mathrm{e}^{-\lambda x}.$$

所以分布函数为

$$F(x)=\begin{cases}1-\mathrm{e}^{-\lambda x}, & x>0,\\ 0, & x\leqslant 0.\end{cases}$$

□

例 4.1.5 设 X 为一连续型随机变量, 其概率密度函数为

$$f(x)=\begin{cases}C(3x-x^2), & 1<x<3,\\ 0, & \text{其他}.\end{cases}$$

试求 C 的值以及 $P\{X>2\}$.

解 根据性质 4.1.3 (2), 我们有

$$\int_{-\infty}^{+\infty}f(x)\mathrm{d}x=C\int_{1}^{3}(3x-x^2)\mathrm{d}x=1.$$

解得 $C=0.3$. 这样,

$$P\{X>2\}=0.3\int_{2}^{3}(3x-x^2)\mathrm{d}x=0.35.$$

□

4.1.4 随机变量函数的分布

已知随机变量 X 的分布律或密度函数, 对于一元函数 $y=g(x)$, 通常 $Y=g(X)$ 也是随机变量. 我们可以根据随机变量 X 的分布律或密度函数求 Y 的分布律或密度函数.

例 4.1.6 已知随机变量 X 的分布律如下表, 求 $Y=3X^2+1$ 的分布律.

x_i	−1	0	1	2
$P\{X=x_i\}$	0.2	0.4	0.1	0.3

解 根据 X 的取值, 可知 Y 可能的取值为 1, 4, 13, 且

$$P\{Y=1\}=P\{X=0\}=0.4;$$
$$P\{Y=4\}=P\{X=-1\}+P\{X=1\}=0.3;$$
$$P\{Y=13\}=P\{X=2\}=0.3.$$

这样 Y 的分布律为下表

y_j	1	4	13
$P\{Y=y_j\}$	0.4	0.3	0.3

□

例 4.1.7 随机变量 X 的概率密度函数由下式给出

$$f(x)=\begin{cases}1, & 0<x<1,\\ 0, & \text{其他}.\end{cases}$$

对任意常数 $\lambda>0$, 求随机变量 $Y=-\dfrac{1}{\lambda}\ln(1-X)$ 的概率密度函数.

解 因为 X 取值于 (0,1), 可见 Y 取值于 $(0,+\infty)$. 先求 Y 的分布函数. 当 $y<0$ 时,

$$F_Y(y)=P\{Y\leqslant y\}=P(\varnothing)=0.$$

对任意 $y\geqslant 0$, 有

$$\begin{aligned}F_Y(y)&=P\{Y\leqslant y\}=P\left\{-\frac{1}{\lambda}\ln(1-X)\leqslant y\right\}=P\{1-X\geqslant \mathrm{e}^{-\lambda y}\}\\&=P\{X\leqslant 1-\mathrm{e}^{-\lambda y}\}=1-\mathrm{e}^{-\lambda y}.\end{aligned}$$

对分布函数求导得到密度函数

$$f_Y(y)=\begin{cases}\lambda\mathrm{e}^{-\lambda y}, & y>0,\\ 0, & y<0.\end{cases}$$

当 $y=0$ 时, $F_Y(y)$ 的左导数与右导数不相等, 所以 $f_Y(0)$ 不存在, 但这不会影响与 Y 有关的概率计算. □

4.2 随机变量的联合概率分布及独立性

对于一个给定的随机试验, 我们不仅常常对单个随机变量的概率分布感兴趣, 也对两个或两个以上随机变量的关系感兴趣. 例如, 在分析癌症的可能原因时, 人们对吸烟量与患癌症的年龄两者之间的关系感兴趣. 同样, 在平面上考虑导弹的精度时, 要同时考虑弹着点的横、纵坐标.

4.2.1 离散型随机变量的联合分布律

当 X 和 Y 都是离散型随机变量, 且取值分别是 $x_1, x_2, \cdots$ 和 $y_1, y_2, \cdots$ 的情况下, 我们定义 X 与 Y 的联合分布律或联合概率质量函数 $p(x_i, y_j)$ 如下:

$$p(x_i, y_j) = P\{X = x_i, Y = y_j\}, \quad i, j = 1, 2, \cdots,$$

X 和 Y 的各自的分布律可以从联合分布律获得. 事实上, 由

$$\{X = x_i\} = \bigcup_j \{X = x_i, Y = y_j\},$$

根据概率的可加性, 我们有

$$\begin{aligned} p_X(x_i) = P\{X = x_i\} &= P\left\{\bigcup_j \{X = x_i, Y = y_j\}\right\} \\ &= \sum_j P\{X = x_i, Y = y_j\} \\ &= \sum_j p(x_i, y_j) \end{aligned} \tag{4.2.1}$$

类似地, 通过对 $p(x_i, y_j)$ 关于 i 求和, 可以得到

$$p_Y(y_j) = P\{Y = y_j\} = \sum_i p(x_i, y_j). \tag{4.2.2}$$

因此, 给定 X 与 Y 的联合分布律可以唯一决定它们各自的分布律. 但是, 相反的结论一般是不正确的, 即给定 X 的分布律和 Y 的分布律, 一般不能唯一决定它们的联合分布律.

例 4.2.1 假设有 3 个电池是从一组 3 个新电池, 4 个旧电池, 和 5 个坏电池中随机选择的. 如果用 X 和 Y 来分别表示被选中的新电池的个数和旧电池的个数, 求 X 和 Y 的联合分布律.

解 X 和 Y 可能的取值均为 0,1,2,3. 根据古典概率计算方法得到联合分布律

$$P\{X=i,Y=j\}=\frac{\mathrm{C}_3^i\mathrm{C}_4^j\mathrm{C}_5^{3-i-j}}{\mathrm{C}_{12}^3},$$
$$i=0,1,2,3,\quad j=0,1,2,3,\quad i+j\leqslant 3.$$

计算结果见表 4.2 的主体部分. □

表 4.2 离散型随机变量 X 与 Y 的联合分布律

X	Y				$P\{X=i\}$
	0	1	2	3	
0	$\frac{10}{220}$	$\frac{40}{220}$	$\frac{30}{220}$	$\frac{4}{220}$	$\frac{84}{220}$
1	$\frac{30}{220}$	$\frac{60}{220}$	$\frac{18}{220}$	0	$\frac{108}{220}$
2	$\frac{15}{220}$	$\frac{12}{220}$	0	0	$\frac{27}{220}$
3	$\frac{1}{220}$	0	0	0	$\frac{1}{220}$
$P\{Y=j\}$	$\frac{56}{220}$	$\frac{112}{220}$	$\frac{48}{220}$	$\frac{4}{220}$	1

根据公式 (4.2.1), 按联合分布律表的各行求和得到 X 的分布律 (表 4.2 最后一列). 同理, 根据公式 (4.2.2), 按联合分布律表的各列求和得到 Y 的分布律 (表 4.2 最后一行). 由于 X 和 Y 各自的分布律常出现在这种表的边缘, 所以它们通常被称为边缘分布律. 应该注意的是, 要检查概率计算是否正确的话, 我们可以对边缘行 (或边缘列) 求和来验证其总和是否为 1.

对于 X 的特定取值 x_i, 我们称

$$P\{Y=y_j|X=x_i\}=\frac{P\{X=x_i,Y=y_j\}}{P\{X=x_i\}},j=1,2,\cdots$$

为在 $X=x_i$ 条件下 Y 的条件分布律. 例如, 从表 4.2 不难得到 $X=1$ 条件下 Y 的条件分布律为下表:

j	0	1	2	3
$P\{Y=j\vert X=1\}$	$\frac{30}{108}$	$\frac{60}{108}$	$\frac{18}{108}$	0

4.2.2 连续型随机变量的联合密度函数

随机变量 X 与 Y 的联合分布函数定义为二元函数

$$F(x,y)=P\{X\leqslant x,Y\leqslant y\},\quad -\infty<x<+\infty,\quad -\infty<y<+\infty.$$

那么 X 和 Y 各自的分布函数为

$$F_X(x)=F(x,+\infty),\quad F_Y(y)=F(+\infty,y),$$

分别称为 X 和 Y 的边缘分布函数.

设两个连续型随机变量 X 与 Y 的联合分布函数为 $F(x,y)$, 且存在一个函数 $f(x,y)$, 使得对平面上的任意区域 C, 均有

$$P\{(X,Y)\in C\}=\iint_{(x,y)\in C}f(x,y)\mathrm{d}x\mathrm{d}y, \tag{4.2.3}$$

则函数 $f(x,y)$ 称为 X 与 Y 的联合密度函数. 特别地, 我们有

$$F(x,y)=\int_{-\infty}^{x}\int_{-\infty}^{y}f(u,v)\mathrm{d}u\mathrm{d}v,$$

两边求偏导可得

$$f(x,y)=\frac{\partial^2}{\partial x\partial y}F(x,y).$$

给定 X 与 Y 的联合密度函数, 那么 X 和 Y 各自的概率密度函数可按照下式计算:

$$f_X(x)=\int_{-\infty}^{+\infty}f(x,y)\mathrm{d}y, \tag{4.2.4}$$

$$f_Y(y)=\int_{-\infty}^{+\infty}f(x,y)\mathrm{d}x, \tag{4.2.5}$$

分别称为 X 和 Y 的边缘密度函数.

4.2.3 随机变量的独立性

设 X 和 Y 为两个随机变量, 若对任意两个实数集 A 和 B, 有

$$P\{X \in A, Y \in B\} = P\{X \in A\}P\{Y \in B\}, \tag{4.2.6}$$

则称随机变量 X 与 Y 相互独立, 简称独立. 也就是说, X, Y 相互独立等价于所有成对的随机事件 $\{X \in A\}$ 与 $\{Y \in B\}$ 相互独立. 其实际意义是, 随机变量 X 与 Y 独立意味着知道其中一个变量的取值信息对帮助判断另一个变量取值的概率是没有价值的.

离散型随机变量 X 与 Y 相互独立等价于联合分布律等于两个边缘分布律的乘积, 即

$$p(x_i, y_j) = p_X(x_i)p_Y(y_j), \quad i, j = 1, 2, \cdots. \tag{4.2.7}$$

事实上, 若 (4.2.6) 成立, 则取 A, B 为单点集 $A = \{x_i\}$ 与 $B = \{y_j\}$, 便得到 (4.2.7); 反之, 在 (4.2.7) 成立的条件下, 对任意集合 A 和 B, 我们也有

$$\begin{aligned}
P\{X \in A, Y \in B\} &= \sum_{x_i \in A} \sum_{y_j \in B} p(x_i, y_j) \\
&= \sum_{x_i \in A} \sum_{y_j \in B} p_X(x_i)p_Y(y_j) \\
&= \sum_{x_i \in A} p_X(x_i) \sum_{y_j \in B} p_Y(y_j) \\
&= P\{X \in A\}P\{Y \in B\},
\end{aligned}$$

则 (4.2.6) 成立.

类似地, 连续型随机变量 X 与 Y 相互独立等价于联合密度函数等于两个边缘密度函数的乘积, 即

$$f(x, y) = f_X(x)f_Y(y), \quad \text{对于一切 } x, y.$$

例 4.2.2 讨论例 4.2.1 中 X 与 Y 的相互独立性.

解 由于

$$P\{X = 3\} = \frac{1}{220}, \quad P\{Y = 3\} = \frac{4}{220}, \quad P\{X = 3, Y = 3\} = 0,$$

从而

$$P\{X=3, Y=3\} \neq P\{X=3\}P\{Y=3\},$$

所以 X 与 Y 不是相互独立的. 其实际意义是, 新电池的个数和旧电池的个数中一个变量的信息对于帮助判断另一个变量取值的概率是有帮助的. □

例 4.2.3 设随机变量 X 与 Y 相互独立, $g(x), h(y)$ 为两个一元函数, 证明 $g(X)$ 与 $h(Y)$ 也相互独立.

证明 对于任意实数集 A, B,

$$P\{g(X)\in A, h(Y)\in B\} = P\{X\in g^{-1}(A), Y\in h^{-1}(B)\},$$

其中对于集合 A, 符号 $g^{-1}(A)$ 表示函数 $g(x)\in A$ 的原像. 由于 X 与 Y 相互独立, 进一步有

$$\begin{aligned}P\{g(X)\in A, h(Y)\in B\} &= P\{X\in g^{-1}(A)\}P\{Y\in h^{-1}(B)\}\\ &= P\{g(X)\in A\}P\{h(Y)\in B\}.\end{aligned}$$

所以 $g(X)$ 与 $h(Y)$ 也相互独立. □

例 4.2.4 ★ 设随机变量 X 与 Y 相互独立, 且密度函数都是

$$f(x)=\begin{cases}1, & 0<x<1,\\ 0, & \text{其他}.\end{cases}$$

计算 $P\{Y<X^2\}$.

解 X 的密度函数

$$f_X(x)=\begin{cases}1, & 0<x<1,\\ 0, & \text{其他}.\end{cases}$$

Y 的密度函数

$$f_Y(y)=\begin{cases}1, & 0<y<1,\\ 0, & \text{其他}.\end{cases}$$

因为 X 与 Y 相互独立, 那么联合密度函数

$$f(x,y)=\begin{cases}1, & 0<x<1, 0<y<1,\\ 0, & 其他.\end{cases}$$

所以

$$\begin{aligned}P\{Y<X^2\}&=\iint_{y<x^2} f(x,y)\mathrm{d}x\mathrm{d}y\\ &=\int_0^1\int_0^{x^2} 1\mathrm{d}y\mathrm{d}x\\ &=\int_0^1 x^2\mathrm{d}x=\frac{1}{3}.\end{aligned}$$

□

两个随机变量的联合分布及独立性的概念可以推广至多个随机变量的情形. n 个离散型随机变量 $X_1, X_2, \cdots, X_n$ 相互独立, 若其联合分布律等于边缘分布律的乘积, 即

$$P\{X_1=x_{1,i_1}, X_2=x_{2,i_2}, \cdots, X_n=x_{n,i_n}\}=\prod_{k=1}^{n} P\{X_k=x_{k,i_k}\},$$

$$对任意\ i_1, i_2, \cdots, i_n.$$

n 个连续型随机变量 $X_1, X_2, \cdots, X_n$ 相互独立, 若其联合密度函数等于边缘密度函数的乘积, 即

$$f(x_1, x_2, \cdots, x_n)=\prod_{k=1}^{n} f_{X_k}(x_k),\quad 对任意\ x_1, x_2, \cdots, x_n.$$

例 4.2.5 假设给定股票价格在连续一段时间内, 每天的涨幅是独立同分布的随机变量, 其分布律如下表. 求这只股票价格在接下来连续三天涨幅变化依次为 1%, 3%, 5% 的概率.

涨幅	−5%	−1%	1%	3%	5%
概率	0.1	0.1	0.4	0.2	0.2

解 用 X_i 表示第 i 天的涨幅, 那么根据独立性条件, 有

$$\begin{aligned}&P\{X_1=1\%, X_2=3\%, X_3=5\%\}\\=&P\{X_1=1\%\}P\{X_2=3\%\}P\{X_3=5\%\}\\=&0.40\times0.20\times0.20=0.016.\end{aligned}$$

□

例 4.2.6 ★ 令 $X_1, X_2, \cdots, X_n$ 是独立同分布的随机变量, 密度函数为

$$f(x)=\begin{cases}\dfrac{1}{\theta}, & 0<x<\theta,\\ 0, & \text{其他},\end{cases}$$

其中 θ 为常数. 求 $Y=\max\{X_1, X_2, \cdots, X_n\}$ 的概率密度函数.

解 为了求 Y 的概率密度函数, 我们先求其分布函数

$$F_Y(y)=P\{\max\{X_1,\cdots,X_n\}\leqslant y\}=P\{X_1\leqslant y,\cdots,X_n\leqslant y\}.$$

显然当 $y<0$ 时, $F_Y(y)=0$, 而当 $y\geqslant\theta$ 时, $F_Y(y)=1$.

当 $0\leqslant y<\theta$ 时, 根据 $X_1,\cdots,X_n$ 的独立性,

二维连续型随机变量的补充知识

$$F_Y(y)=P\{X_1\leqslant y\}\cdots P\{X_n\leqslant y\}=\left(\int_0^y\frac{1}{\theta}\mathrm{d}y\right)^n=\left(\frac{y}{\theta}\right)^n.$$

求导得 Y 的概率密度函数

$$f_Y(y)=\begin{cases}\dfrac{n}{\theta}\left(\dfrac{y}{\theta}\right)^{n-1}, & 0<y<\theta,\\ 0, & \text{其他}.\end{cases}$$

□

4.3 数学期望

前两节我们讨论了随机变量的概率分布, 它是对随机变量取值较为完整的描述, 但有时我们需要用少数几个数字来简洁地描述随机变量. 这正如在第 2 章中, 频数表或直方图是对数据分布完整的描述, 但我们也需要样本均值和样本

方差等来描述数据的中心特征和差异特征等. 描述随机变量数字特征最基本的概念是数学期望, 它表示随机变量的均值, 也是其他数字特征 (如方差、协方差) 的理论基础.

4.3.1 数学期望的定义

定义 4.3.1 (离散型随机变量的数学期望) 设 X 是取值为 $x_1, x_2, \cdots$ 的离散型随机变量, 则 X 的数学期望定义为

$$E(X) = \sum_i x_i P\{X = x_i\}.$$

也就是其取值的一个加权平均, 权重为 X 取相应值的概率. 数学期望简称期望, 也称均值.

例 4.3.1 令 X 为掷一颗骰子所得到的点数, 求 $E(X)$.

解 由于 X 的分布律为

x_i	1	2	3	4	5	6
$P\{X = x_i\}$	$\frac{1}{6}$	$\frac{1}{6}$	$\frac{1}{6}$	$\frac{1}{6}$	$\frac{1}{6}$	$\frac{1}{6}$

因而我们得到

$$E(X) = \sum_{i=1}^{6} x_i P\{X = x_i\} = \sum_{i=1}^{6} i \times \frac{1}{6} = 3.5. \qquad \square$$

读者可以发现, 在这个例子中, X 的期望值并不是 X 的可取值中的一个, 也就是说, 掷骰子的点数结果不可能为 3.5, 因此, 尽管我们将 $E(X)$ 称为 X 的期望, 它也不能解释为我们能期望 X 出现这个值, 而应该是在大量的独立重复试验中 X 的取值的平均. 也就是说, 如果我们不断地去掷这颗骰子, 大量试验之后, 所有结果的平均值将会近似为 3.5. 有兴趣的读者可以尝试做一下这个试验.

期望的概念与物理中质心的概念是类似的. 考虑一个离散的随机变量 X, 其概率质量函数为 $p(x_i), i = 1, 2, \cdots, n$. 如果我们想象成一个无重量的杆在 x_i 位置有载荷 $p(x_i)$ (如图 4.5), 那么整个系统的质心就在 $E(X)$ 处.

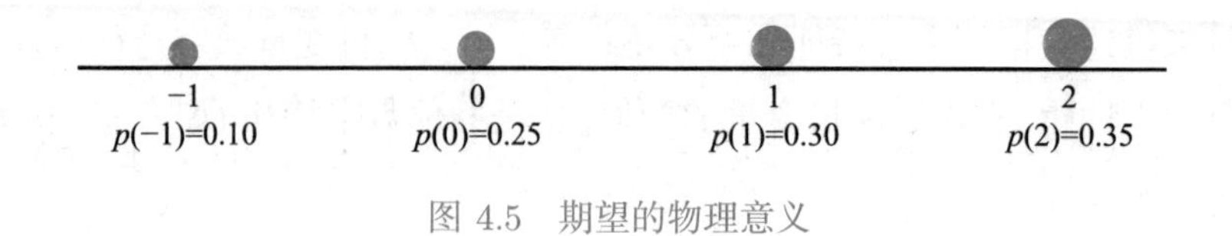

图 4.5　期望的物理意义

我们同样可以定义连续型随机变量的期望. 设 X 是一个连续型随机变量, 其概率密度函数为 $f(x)$, 则对于很小的 $\mathrm{d}x$ 有

$$P\{x < X < x + \mathrm{d}x\} \approx f(x)\mathrm{d}x,$$

于是可以看到, 对所有 X 可能取到的值按概率进行加权平均就是 $xf(x)\mathrm{d}x$ 对所有 x 值的积分.

定义 4.3.2 (连续型随机变量的数学期望)　设 X 是一个密度函数为 $f(x)$ 的连续型随机变量, 则 X 的数学期望定义为

$$E(X) = \int_{-\infty}^{+\infty} xf(x)\mathrm{d}x.$$

也称期望或均值.

例 4.3.2　求例 4.1.4 中随机变量的数学期望.

解　根据定义, 有

数学期望的存在性条件

$$\begin{aligned} E(X) &= \int_{-\infty}^{+\infty} xf(x)\mathrm{d}x = \int_{0}^{+\infty} x\lambda\mathrm{e}^{-\lambda x}\mathrm{d}x \\ &= \int_{0}^{+\infty} -x\mathrm{d}(\mathrm{e}^{-\lambda x}) = -x\mathrm{e}^{-\lambda x}\Big|_{0}^{+\infty} + \\ &\quad \int_{0}^{+\infty} \mathrm{e}^{-\lambda x}\mathrm{d}x \\ &= \int_{0}^{+\infty} -\frac{1}{\lambda}\mathrm{d}(\mathrm{e}^{-\lambda x}) = \frac{1}{\lambda}. \end{aligned}$$

□

4.3.2　随机变量函数的数学期望

假设现在给定一个随机变量 X 和它的概率分布, 即离散型随机变量的分布律或连续型随机变量的密度函数. 如果我们想计算 X 的某一函数 $g(X)$ 的期望

值, 我们应如何做呢? 从理论上讲, 由于 $g(X)$ 本身是一个随机变量, 因此它一定有一个概率分布, 我们可以先计算 $g(X)$ 的概率分布, 由期望的定义我们便可以计算 $E[g(X)]$. 但我们有一种更简单的方法, 可以直接从 X 的概率分布来计算 $g(X)$ 的数学期望. 先看一个启发性的例子.

例 4.3.3 假设 X 具有以下的概率分布

$$P\{X=-1\}=0.2, \quad P\{X=1\}=0.5, \quad P\{X=2\}=0.3,$$

试计算 $E(X^2)$.

解 假设 $Y=X^2$, Y 也是一个随机变量, 其值为 $1,4$, 所对应的概率如下:

$$P\{Y=1\}=P\{X=-1\}+P\{X=1\}=0.2+0.5,$$

$$P\{Y=4\}=P\{X=2\}=0.3.$$

因此, 函数 $Y=X^2$ 的数学期望为

$$E(Y)=1\times(0.2+0.5)+4\times0.3=1.9.$$

□

注意上式计算过程, 可见

$$E(Y)=E(X^2)=(-1)^2\times P\{X=-1\}+1^2\times P\{X=1\}+2^2\times P\{X=2\}.$$

也就是说, 我们可以不计算 Y 的分布律, 直接从 X 的分布律来计算 $Y=g(X)$ 的数学期望. 直观看来, $E[g(X)]$ 是 $g(X)$ 所有取值的加权平均. 对于给定的 x, $g(x)$ 的权重可由 $X=x$ 的概率 (或连续情况下的概率密度) 直接给出, 而无需先求 $g(X)$ 的概率分布. 事实上, 一般情况下, 我们有以下定理.

定理 4.3.1 (随机变量函数的期望)

(1) 若 X 是分布律为 $p(x_i), i=1,2,\cdots$ 的离散型随机变量, 则对任意实值函数 $g(x)$ 有

$$E[g(X)]=\sum_i g(x_i)p(x_i);$$

(2) 若 X 是密度函数为 $f(x)$ 的连续型随机变量, 则对任意实值函数 $g(x)$, 若 $g(X)$ 也是连续型随机变量, 那么

$$E[g(X)]=\int_{-\infty}^{+\infty}g(x)f(x)\mathrm{d}x;$$

(3) 若 X 和 Y 是离散型随机变量, 联合分布律为 $p(x_i, y_j), i, j = 1, 2, \cdots$, 则对任意实值二元函数 $g(x, y)$ 有

$$E[g(X,Y)] = \sum_j \sum_i g(x_i, y_j) p(x_i, y_j);$$

(4) 若 X 和 Y 是连续型随机变量, 联合密度函数为 $f(x, y)$, 则对任意实值二元函数 $g(x, y)$, 若 $g(X, Y)$ 也是连续型随机变量, 那么

$$E[g(X,Y)] = \int_{-\infty}^{+\infty} \int_{-\infty}^{+\infty} g(x,y) f(x,y) \mathrm{d}x \mathrm{d}y.$$

例 4.3.4　假设某厂找到并修复电力中断所需的时间 (单位: h) 是一个随机变量 X, 其密度函数由下式给出

$$f_X(x) = \begin{cases} 1, & 0 < x < 1, \\ 0, & \text{其他}. \end{cases}$$

如果持续时间为 x 的故障损失费为 x^3, 那么故障的预期损失费是多少?

解　由题设可知, 故障的损失费应为 X 的三次函数, 即 $Y = X^3$, 那么其预期损失费即为损失费的数学期望 (平均费用), 也就是 $E(X^3)$.

方法 1　先求 Y 的分布函数. 当 $y < 0$ 时, 我们有

$$F_Y(y) = P\{Y \leqslant y\} = P\{X^3 \leqslant y\} \leqslant P\{X^3 \leqslant 0\} = 0;$$

当 $0 \leqslant y < 1$ 时, 我们有

$$\begin{aligned} F_Y(y) &= P\{Y \leqslant y\} = P\{X^3 \leqslant y\} \\ &= P\{X \leqslant y^{1/3}\} = \int_{-\infty}^{y^{1/3}} f_X(x) \mathrm{d}x = \int_0^{y^{1/3}} \mathrm{d}x = y^{1/3}; \end{aligned}$$

当 $y \geqslant 1$ 时, 由于 X 取值于 (0,1), 我们有

$$F_Y(y) = P\{Y \leqslant y\} = P\{X^3 \leqslant y\} = P(\Omega) = 1.$$

通过对 $F_Y(y)$ 求导, 我们得到 $Y = X^3$ 的密度函数如下:

$$f_Y(y) = \begin{cases} \dfrac{1}{3} y^{-2/3}, & 0 < y < 1, \\ 0, & \text{其他}. \end{cases}$$

因此, 预期费用

$$E(X^3) = E(Y) = \int_{-\infty}^{+\infty} y f_Y(y)\mathrm{d}y$$
$$= \int_0^1 \frac{1}{3} y^{1/3}\mathrm{d}y = \frac{1}{4}.$$

方法 2 利用定理 4.3.1, 我们有

$$E(X^3) = \int_{-\infty}^{+\infty} x^3 f_X(x)\mathrm{d}x = \int_0^1 x^3\mathrm{d}x = \frac{1}{4}.$$

可见, 方法 2 要快捷得多. □

4.3.3 数学期望的性质

使用定理 4.3.1, 我们可以获得数学期望的一些常用的性质.

性质 4.3.1 (数学期望的性质) 设 X, Y 是随机变量, 那么有

(1) (线性性) 设 a, b 为常数, 则 $E(a + bX) = a + bE(X)$, 特别地, $E(a) = a, E(bX) = bE(X)$.

(2) (可加性) $E(X + Y) = E(X) + E(Y)$.

(3) (独立可乘性) 设 X, Y 相互独立, 则 $E(XY) = E(X)E(Y)$.

证明 仅对离散情形证明, 连续情形是类似的.

(1) 如果 X 的分布律为 $p(x_i), i = 1, 2, \cdots$, 则

$$E(a + bX) = \sum_i (a + bx_i)p(x_i)$$
$$= a\sum_i p(x_i) + b\sum_i x_i p(x_i) = a + bE(X).$$

(2) 在定理 4.3.1 (3) 中令 $g(x, y) = x + y$,

$$E(X + Y) = \sum_j \sum_i (x_i + y_j)p(x_i, y_j)$$
$$= \sum_j \sum_i x_i p(x_i, y_j) + \sum_j \sum_i y_j p(x_i, y_j)$$
$$= E(X) + E(Y).$$

(3) 在定理 4.3.1 (3) 中令 $g(x,y)=xy$, 根据独立性定义, 有 $p(x_i,y_j)=p_X(x_i)p_Y(y_j)$,

$$\begin{aligned}E(XY)&=\sum_j\sum_i(x_iy_j)p_X(x_i)p_Y(y_j)\\&=\left[\sum_i x_ip_X(x_i)\right]\left[\sum_j y_jp_Y(y_j)\right]\\&=E(X)E(Y).\end{aligned}$$

□

注意性质 4.3.1 (2) 与 (3) 的区别, 数学期望的可加性不需要任何前提条件, 而可乘性需要独立性条件. 进一步, 这些结论可以推广到多个随机变量的情形, 下列等式是个非常有用的公式:

$$E(X_1+X_2+\cdots+X_n)=E(X_1)+E(X_2)+\cdots+E(X_n),\tag{4.3.1}$$

即, 随机变量和的数学期望总是等于这些变量的数学期望之和.

例 4.3.5 一家建筑公司最近在竞标三个项目, 价值 (利润) 分别为 10, 20 和 40 万元. 如果获得这三个项目的概率分别是 0.2, 0.8 和 0.3, 公司的预期利润总额是多少?

解 假设 X_i 为公司从项目 i 得到的利润, $i=1,2,3$, 又设 Y 表示利润总额, 则

$$Y=X_1+X_2+X_3,$$

那么预期利润总额为

$$\begin{aligned}E(Y)&=E(X_1)+E(X_2)+E(X_3)\\&=(10\times0.2+0\times0.8)+(20\times0.8+0\times0.2)+(40\times0.3+0\times0.7)\\&=30\ (\text{万元}).\end{aligned}$$

□

例 4.3.6 一民航机场的送客汽车载有 10 位旅客自机场开出, 旅客有 8 个车站可以下车, 如到达一个车站没有旅客下车, 就不停车. 求平均停车次数.

解 以 X 表示停车的次数. 直接的想法是先求 X 的概率质量函数, 再求它的数学期望. 但稍做分析, 发现此方法会将问题弄得很复杂, 几乎无法求解.

我们下面使用随机变量分解技巧, 问题迎刃而解. 定义随机变量 $X_1, X_2, \cdots, X_8$ 如下:

$$X_i = \begin{cases} 1, & \text{第 } i \text{ 站有人下车}, \\ 0, & \text{第 } i \text{ 站无人下车}. \end{cases}$$

则

$$X = X_1 + X_2 + \cdots + X_8.$$

先计算

$$\begin{aligned} E(X_i) &= P\{X_i = 1\} \\ &= P\{\text{第 } i \text{ 站有人下车}\} \\ &= 1 - P\{\text{第 } i \text{ 站无人下车}\} \\ &= 1 - \left(\frac{7}{8}\right)^{10}. \quad i = 1, 2, \cdots, 8, \end{aligned}$$

最后一个等式是因为任一乘客不在第 i 站下车的概率是 $\frac{7}{8}$, 并假设 10 人是各自独立选择车站下车的. 因此, 利用公式 (4.3.1),

$$E(X) = E(X_1) + E(X_2) + \cdots + E(X_8) = 8\left[1 - \left(\frac{7}{8}\right)^{10}\right] = 5.895.$$

所以平均停车 5.895 次. 本例我们再次看到 X 的期望值并不是 X 的可能取值中的一个, 因为停车次数只可能是整数. 期望值的实际意义是在大量的独立重复试验中 X 取值的平均. □

4.4 方差和协方差

上一节的数学期望主要刻画了随机变量取值的平均水平, 即均值. 但均值相等的两个随机变量的取值情况可以相差很大. 为此我们需要引入其他指标, 用于刻画随机变量取值的差异程度, 主要指标是方差. 期望、方差以及协方差、相关系数等均是以数值来反映随机变量的特征, 因此人们将其统称为随机变量的数字特征.

4.4.1 方差和标准差

我们知道, 随机变量的取值应在均值附近, 而偏离均值的偏差应该是 $|X - E(X)|$, 但绝对值函数不可导, 所以数学上分析困难, 而比较绝对值的大小等价于比较它对应的平方大小, 因此我们使用平方 $[X - E(X)]^2$ 来代替 $|X - E(X)|$, 使之分析起来更容易, 并称 $[X - E(X)]^2$ 的数学期望为方差. 由于方差的物理单位是 X 的单位的平方, 有时我们使用它的开方, 称为均方差或标准差, 使其单位与 X 的单位一致.

定义 4.4.1 随机变量 X 的方差定义为

$$D(X) = E[X - E(X)]^2,$$

方差也记作 $\mathrm{Var}(X)$. 称

$$\sigma(X) = \sqrt{D(X)}$$

为 X 的均方差或标准差.

根据随机变量函数的数学期望的性质, 我们有

$$\begin{aligned} D(X) &= E[X - E(X)]^2 = E\{X^2 - 2E(X)X + [E(X)]^2\} \\ &= E(X^2) + E[-2E(X)X] + E\{[E(X)]^2\} \\ &= E(X^2) - 2E(X)E(X) + [E(X)]^2 = E(X^2) - [E(X)]^2. \end{aligned}$$

这样我们获得方差 $D(X)$ 的计算公式:

$$D(X) = E(X^2) - [E(X)]^2. \tag{4.4.1}$$

也就是说, 方差等于随机变量平方的期望减去期望的平方. 注意, 根据定义, 方差的值总是非负的.

例 4.4.1 假设 X 为掷骰子出现的点数, 试计算 $D(X)$.

解 因为 X 的分布律为 $p_X(i) = P\{X = i\} = \dfrac{1}{6}, i = 1, 2, 3, 4, 5, 6$, 则我们有

$$\begin{aligned} E(X^2) &= \sum_{i=1}^{6} i^2 p_X(i) = \sum_{i=1}^{6} i^2 P\{X = i\} \\ &= 1^2\left(\frac{1}{6}\right) + 2^2\left(\frac{1}{6}\right) + 3^2\left(\frac{1}{6}\right) + 4^2\left(\frac{1}{6}\right) + 5^2\left(\frac{1}{6}\right) + 6^2\left(\frac{1}{6}\right) = \frac{91}{6}. \end{aligned}$$

由例 4.3.1 知 $E(X)=\frac{7}{2}$, 再由式 (4.4.1) 有

$$\begin{aligned}D(X)&=E(X^2)-[E(X)]^2\\&=\frac{91}{6}-\left(\frac{7}{2}\right)^2=\frac{35}{12}.\end{aligned}$$ □

性质 4.4.1 (方差的性质) 设 X,Y 是随机变量, 那么有

(1) 设 a,b 为常数, 则 $D(a+bX)=b^2D(X)$, 特别地, $D(a)=0, D(bX)=b^2D(X)$;

(2) (独立可加性) 设 X,Y 相互独立, 则 $D(X+Y)=D(X)+D(Y)$.

证明 (1) 由于 $E(a+bX)=a+bE(X)$, 我们获得

$$\begin{aligned}D(a+bX)&=E\left\{[a+bX-E(a+bX)]^2\right\}\\&=E\left\{[a+bX-a-bE(X)]^2\right\}\\&=E\left\{b^2[X-E(X)]^2\right\}=b^2D(X).\end{aligned}$$

(2) 当 X,Y 相互独立, 根据数学期望的独立可乘性, $E(XY)=E(X)E(Y)$, 那么

$$\begin{aligned}D(X+Y)&=E[(X+Y)^2]-[E(X+Y)]^2\\&=E(X^2+2XY+Y^2)-\{[E(X)]^2+2E(X)E(Y)+[E(Y)]^2\}\\&=E(X^2)-[E(X)]^2+E(Y^2)-[E(Y)]^2=D(X)+D(Y).\end{aligned}$$ □

从物理意义上说, 均值代表质心, 方差代表转动惯量, 它们的意义迥然不同, 它们的性质也有很大差异. 常数的均值为常数本身, 而常数的方差为 0. 常数可直接提到期望符号外面, 而常数提到方差符号外面要带上平方. 期望的可加性不需要任何条件, 而方差的可加性需要独立性条件. 特别地, 请注意

$$D(X-Y)\neq D(X)-D(Y).$$

事实上 X 与 Y 相互独立时, $D(X-Y)=D(X)+D(Y)$. 进一步, 方差的独立可加性可以推广到多个随机变量的情形. 具体地说, 当随机变量 $X_1,X_2,\cdots,X_n$ 相互独立时, 我们有

$$D(X_1+X_2+\cdots+X_n)=D(X_1)+D(X_2)+\cdots+D(X_n). \tag{4.4.2}$$

例 4.4.2 抛 10 颗骰子, 求点数之和的数学期望和方差.

解 设 X_i 为第 i 颗骰子的点数, $i=1,2,\cdots,10$, 其分布律都为

$$P\{X_i=k\}=\frac{1}{6},\quad k=1,2,\cdots,6.$$

根据例 4.3.1 和例 4.4.1,

$$E(X_i)=\frac{7}{2},\quad D(X_i)=\frac{35}{12},\quad i=1,2,\cdots,10.$$

根据期望的可加性, 有

$$\begin{aligned}E\left(\sum_{i=1}^{10}X_i\right)&=\sum_{i=1}^{10}E(X_i)\\&=10E(X_i)=10\times\frac{7}{2}=35.\end{aligned}$$

根据题意, 可设 $X_1,X_2,\cdots,X_{10}$ 相互独立, 则由方差的独立可加性推出

$$\begin{aligned}D\left(\sum_{i=1}^{10}X_i\right)&=\sum_{i=1}^{10}D(X_i)\\&=10D(X_i)=10\times\frac{35}{12}=\frac{175}{6}.\end{aligned}$$ □

注意, 两个随机变量分布相同并不意味着这两个随机变量是相等的. 在例 4.4.2 中, X_i 为第 i 颗骰子的点数, 虽然 $X_1,X_2,\cdots,X_{10}$ 具有相同的概率分布, 但并不是说 10 颗骰子的点数总是一样的. 事实上, 这些随机变量一般是不相等的, 那么

$$\sum_{i=1}^{10}X_i\neq 10X_1.$$

这样, 10 颗骰子的点数之和不能简单地用 $10X_1$ 来表示.

另外, 应该指出的是, 在例 4.3.6 中, 由于 $X_1,X_2,\cdots,X_8$ 不相互独立, 尽管可以利用公式 (4.3.1) 求期望, 但不能简单地用公式 (4.4.2) 求方差.

均值和方差是最重要的两个数字特征. 知道了一个随机变量的均值和方差, 即使不知道它的概率分布, 我们也可以给出它在均值附近取值概率的一个粗略估计.

定理 4.4.1 (切比雪夫不等式) 假设随机变量 X 的期望为 μ, 方差为 σ^2, 则对于任意 $\varepsilon > 0$, 有

$$P\{|X-\mu| \geqslant \varepsilon\} \leqslant \frac{\sigma^2}{\varepsilon^2},$$

等价地有

$$P\{|X-\mu| < \varepsilon\} \geqslant 1-\frac{\sigma^2}{\varepsilon^2}.$$

证明 我们仅对连续型随机变量来证明这个定理, 对离散型是类似的. 假设 Y 是非负随机变量且 Y 的密度函数为 $f(y)$. 对任意 $a>0$,

$$\begin{aligned} E(Y) &= \int_0^{+\infty} yf(y)\mathrm{d}y \\ &= \int_0^a yf(y)\mathrm{d}y + \int_a^{+\infty} yf(y)dy \\ &\geqslant \int_a^{+\infty} yf(y)\mathrm{d}y \geqslant \int_a^{+\infty} af(y)\mathrm{d}y \\ &= a\int_a^{+\infty} f(y)\mathrm{d}y = aP\{Y \geqslant a\}. \end{aligned}$$

这样

$$P\{Y \geqslant a\} \leqslant \frac{E(Y)}{a}.$$

在上述不等式中令 $Y=(X-\mu)^2, a=\varepsilon^2$, 那么 $E(Y)=D(X)$, 从而

$$\begin{aligned} P\{|X-\mu| \geqslant \varepsilon\} &= P\{Y \geqslant \varepsilon^2\} \\ &\leqslant \frac{E(Y)}{\varepsilon^2} = \frac{\sigma^2}{\varepsilon^2}. \end{aligned} \tag{4.4.3}$$

从而定理得证. □

例 4.4.3 假设工厂一周生产产品的数量是一个随机变量, 且其期望为 50 t, 标准差为 5 t. 请使用切比雪夫不等式给出这周产量在 40 t 和 60 t 之间概率的估计.

解 令 X 表示一周生产产品的数量, 期望为 $\mu=50$, 方差为 $\sigma^2=25$. 由切比雪夫不等式知

$$P\{|X-50| \geqslant 10\} \leqslant \frac{25}{10^2} = \frac{1}{4},$$

从而

$$P\{40 \leqslant X \leqslant 60\} \geqslant P\{|X-50| < 10\} \geqslant 1-\frac{1}{4} = \frac{3}{4}.$$

因此, 这周产量介于 40 t 和 60 t 之间的概率至少为 75%. □

4.4.2 协方差和相关系数

定义 4.4.2 随机变量 X 和 Y 的协方差定义为

$$\mathrm{Cov}(X,Y)=E\{[X-E(X)][Y-E(Y)]\}.$$

对上述定义中等式的右侧进行展开, 可得到计算形式比较简便的如下公式:

$$\mathrm{Cov}(X,Y)=E(XY)-E(X)E(Y). \tag{4.4.4}$$

事实上,

$$\begin{aligned}\mathrm{Cov}(X,Y)&=E[XY-E(X)Y-E(Y)X+E(X)E(Y)]\\&=E(XY)-E(X)E(Y)-E(Y)E(X)+E(X)E(Y)\\&=E(XY)-E(X)E(Y).\end{aligned}$$

容易知道, 特别地有 $\mathrm{Cov}(X,X)=D(X)$. 可见, 协方差是方差的推广. 但与方差总是非负的不同, 协方差的值可正可负.

特别地, 若 $\mathrm{Cov}(X,Y)=0$, 我们称随机变量 X 与 Y不相关. 不相关与独立性概念是相近的. 事实上, 根据数学期望的独立可乘性与公式 (4.4.4) 可知, 独立随机变量一定是不相关的. 另一方面, 下述例子告诉我们不相关的随机变量不一定相互独立. 换句话说, 不相关是比独立性弱的条件.

例 4.4.4 随机变量 X,Y 的联合分布律如表 4.3. 证明 X 与 Y 不相关, 但它们不是相互独立的.

表 4.3 独立与不相关

X	Y		
	-1	0	1
-1	$\frac{1}{8}$	$\frac{1}{8}$	$\frac{1}{8}$
0	$\frac{1}{8}$	0	$\frac{1}{8}$
1	$\frac{1}{8}$	$\frac{1}{8}$	$\frac{1}{8}$

证明 根据定理 4.3.1, 计算得到 $E(XY)=0, E(X)=0$, 故

$$\mathrm{Cov}(X,Y)=0,$$

也就是说, X 与 Y 不相关. 但 $P\{X=0\}=P\{Y=0\}=\frac{1}{8}+\frac{1}{8}=\frac{1}{4}$, 而 $P\{X=0,Y=0\}=0$, 故

$$P\{X=0,Y=0\}\neq P\{X=0\}P\{Y=0\},$$

也就是说, X 与 Y 不相互独立. □

性质 4.4.2 (协方差的性质) 对于任意随机变量 X,Y,Z 和常数 a,

(1) (对称性) $\mathrm{Cov}(X,Y)=\mathrm{Cov}(Y,X)$;

(2) (线性性) $\mathrm{Cov}(aX,Y)=a\mathrm{Cov}(X,Y)$;

(3) (可加性) $\mathrm{Cov}(X+Z,Y)=\mathrm{Cov}(X,Y)+\mathrm{Cov}(Z,Y)$,

(4) (和的方差) $D(X+Y)=D(X)+D(Y)+2\mathrm{Cov}(X,Y)$.

证明

(1) $\mathrm{Cov}(X,Y)=E(XY)-E(X)E(Y)=E(YX)-E(Y)E(X)=\mathrm{Cov}(Y,X)$.

(2) $\mathrm{Cov}(aX,Y)=E(aXY)-E(aX)E(Y)=a[E(XY)-E(X)E(Y)]=a\mathrm{Cov}(X,Y)$.

(3) $\mathrm{Cov}(X+Z,Y)=E(XY+ZY)-E(X+Z)E(Y)=E(XY)-E(X)E(Y)+E(ZY)-E(Z)E(Y)=\mathrm{Cov}(X,Y)+\mathrm{Cov}(Z,Y)$.

(4) 根据对称性及可加性, $D(X+Y)=\mathrm{Cov}(X+Y,X+Y)=\mathrm{Cov}(X,X+Y)+\mathrm{Cov}(Y,X+Y)=\mathrm{Cov}(X,X)+\mathrm{Cov}(X,Y)+\mathrm{Cov}(Y,X)+\mathrm{Cov}(Y,Y)=D(X)+D(Y)+2\mathrm{Cov}(X,Y)$. □

性质 4.4.2 (4) 是方差的独立可加性的推广, 且性质 4.4.2 (3), (4) 不难推广到多个随机变量和的情形. 具体地说, 对任意随机变量 $X_i, i=1,2,\cdots,n; Y_j, j=1,2,\cdots,m$, 我们有

$$\mathrm{Cov}\left(\sum_{i=1}^{n}X_i,\sum_{j=1}^{m}Y_j\right)=\sum_{i=1}^{n}\sum_{j=1}^{m}\mathrm{Cov}(X_i,Y_j).$$

$$D\left(\sum_{i=1}^{n}X_i\right)=\sum_{i=1}^{n}D(X_i)+2\sum_{1\leqslant i<j\leqslant n}\mathrm{Cov}(X_i,X_j).$$

为了更好地描述随机变量之间的相关性大小, 我们引入下列随机变量相关系数的概念. 建议读者将下面这一段内容与第 2 章样本相关系数作比较, 会发现很多相似之处.

定义 4.4.3 假设随机变量 X 和 Y 的方差均大于零, 则称

$$\rho(X,Y)=\frac{\mathrm{Cov}(X,Y)}{\sqrt{D(X)D(Y)}}$$

为 X 与 Y 的相关系数.

下面的性质阐明了相关系数的意义.

性质 4.4.3 (1) $-1\leqslant\rho(X,Y)\leqslant 1$;

(2) $\rho(X,Y)=1$ 等价于存在常数 a 和 b, 其中 $b>0$, 使得 $P\{Y=a+bX\}=1$;

(3) $\rho(X,Y)=-1$ 等价于存在常数 a 和 b, 其中 $b<0$, 使得 $P\{Y=a+bX\}=1$.

★证明 令 $\xi=X-E(X),\eta=Y-E(Y)$, 对于任意实数 t,

$$E[(\eta+t\xi)^2]=E(\eta^2)+2tE(\xi\eta)+t^2E(\xi^2)\geqslant 0,$$

也就是说, 这个关于 t 的二次函数没有两个不同的实根, 那么判别式

$$[2E(\xi\eta)]^2-4E(\xi^2)E(\eta^2)\leqslant 0,$$

即

$$[\mathrm{Cov}(X,Y)]^2\leqslant D(X)D(Y),$$

并且, 当且仅当 $P\{\eta+t\xi=0\}=1$ 时, 上述等式成立, 此时 $\rho^2(X,Y)=1$. 而 $P\{\eta+t\xi=0\}=1$ 等价于存在常数 a,b, 使得 $P\{Y=a+bX\}=1$. 直接验证可知, $b>0$ 时, $\rho(X,Y)=1$, $b<0$ 时, $\rho(X,Y)=-1$. 证毕. □

上述性质表明, 相关系数的绝对值的大小直接反映了两个随机变量之间线性关系的强弱程度. 特别地, $|\rho(X,Y)|=1$ 说明 X 与 Y 完全线性相关; $\rho(X,Y)=0$ 时, X 与 Y 不相关, 几乎没有线性关系. 另一方面, 当 $\rho(X,Y)>0$, X 与 Y 正相关, 较小的 Y 值对应较小的 X 值而较大的 Y 值对应较大的 X 值; 反之, 当 $\rho(X,Y)<0$, X 与 Y 负相关, 较大的 Y 值对应较小的 X 值而较小的 Y 值对应较大的 X 值.

需要着重指出的是, 相关系数只表明随机变量的线性关系, 相关系数的绝对值很小只说明 X 与 Y 线性相关性很弱, 但不能排除两者之间可能存在很强的非线性关系 (见习题 36).

例 4.4.5 已知 $D(X)=D(Y)=5, D(X-Y)=12$, 求随机变量 X 与 Y 的相关系数.

解 根据协方差的性质和方差的性质, 我们有

$$\begin{aligned} D(X-Y) &= D(X)+D(-Y)+2\mathrm{Cov}(X,-Y) \\ &= D(X)+(-1)^2D(Y)-2\mathrm{Cov}(X,Y) \\ &= D(X)+D(Y)-2\mathrm{Cov}(X,Y) \\ &= D(X)+D(Y)-2\rho(X,Y)\sqrt{D(X)D(Y)}, \end{aligned}$$

这样

$$12=5+5-2\times\rho(X,Y)\times 5,$$

故

$$\rho(X,Y)=-0.2.$$

□

习题

1. 令 X 表示投掷 3 枚硬币时出现的正面数与反面数之差, 求 X 的分布律.

2. 设随机变量 X 的分布函数

$$F(x)=\begin{cases} 0, & x<0 \\ \dfrac{1}{2}, & 0\leqslant x<1, \\ \dfrac{2}{3}, & 1\leqslant x<2, \\ \dfrac{11}{12}, & 2\leqslant x<3, \\ 1, & 3\leqslant x, \end{cases}$$

(1) 画该分布函数的图像;

(2) 求 X 的分布律;

(3) 求概率 $P\left\{X>\frac{1}{2}\right\}, P\{2<X\leqslant 4\}$ 以及 $P\{X=1\}$.

3. 某随机变量 X 的分布函数为 $F(x)=a+b\arctan x, -\infty<x<+\infty$, 试求常数 a 和 b.

4. 已知计算机在发生故障前运行的时间 (单位: h) 是一个连续随机变量, 且其概率密度函数为

$$f(x)=\begin{cases}\lambda \mathrm{e}^{-\frac{x}{100}}, & x\geqslant 0,\\ 0, & x<0,\end{cases}$$

试求计算机发生故障前运行时间在 50 h 和 150 h 之间的概率.

5. 设射击的靶子是一个单位圆, 每次射击都能中靶, 且落在以靶心为圆心的任何一个同心圆内的概率与该圆的面积成正比. 求弹着点与靶心之间距离的分布函数和概率密度函数.

6. 已知随机变量 X 的分布律如下表, 求 $Y=X^2$ 的分布律.

x_i	-2	$-\frac{1}{2}$	0	2	4
$P\{X=x_i\}$	$\frac{1}{8}$	$\frac{1}{4}$	$\frac{1}{8}$	$\frac{1}{6}$	$\frac{1}{3}$

7. 假设 X 的概率密度函数是

$$f(x)=\begin{cases}\frac{1}{4}, & 0<x<4,\\ 0, & \text{其他},\end{cases}$$

(1) 求 $\sqrt{X}$ 的概率密度函数; (2) 求 $-2\ln X$ 的概率密度函数.

8. 设随机变量 X 的概率密度函数

$$f(x)=\begin{cases}2\mathrm{e}^{-2x}, & x\geqslant 0,\\ 0, & x<0,\end{cases}$$

求 X^3 的概率密度函数.

9. 一个盒子中有 6 只球, 分别标号 $1,1,2,2,2,3$. 不放回随机摸两只球, 求这两只球标号的联合分布律和边缘分布律, 并问它们是否相互独立?

10. 一个箱子里有 5 个晶体管, 其中 3 个是次品. 每次测试一个晶体管, 令 N_1 表示在找出第一个次品前测试的正品数, N_2 表示从找到第一个次品与找到第二个次品之间测试的正品数. 求 N_1 和 N_2 的联合分布律和边缘分布律.

11. 离散型随机变量 X 与 Y 的联合分布律如下表. 问 a,b 取何值时, X 与 Y 相互独立?

X	Y		
	1	2	3
0	$\frac{1}{6}$	$\frac{1}{9}$	$\frac{1}{18}$
1	$\frac{1}{3}$	a	b

12. 计算习题 1 中随机变量 X 的数学期望.

13. 一个整数 N 等可能地在 $1 \sim 10$ 取值, 用 X 表示能整除 N 的正整数个数, 求 X 的数学期望.

14. 篮球选手连续定点投篮, 直到命中为止. 假设他每次命中的概率为 p, 且各次投篮是相互独立的. 用 X 表示首次命中所需投篮次数, 求 X 的数学期望.

15. 保险公司要设计针对某种意外事故的保险产品. 如果该事故在一年之内发生了, 那么保险公司将支付一笔数额为 A 的保费. 如果公司估计该事故在一年之内发生的概率为 p, 那么它应向投保人收费多少可以使得公司的预期收益达到 A 的 10%?

16. 总共 4 辆大巴乘载同一学校的 148 名学生去足球场. 大巴分别可以坐 40 人, 33 人, 25 人以及 50 人. 随机选择一名学生, 令 X 为这名学生所乘坐巴士的学生数. 再随机选择一位巴士司机, 令 Y 为在这位司机车上的学生数. 分别求 $E(X)$ 和 $E(Y)$.

17. 李先生考虑从下列几个项目中选择一个进行投资:

(1) 无风险项目: 固定利率 5% 的债券;

(2) 高风险项目: 50% 可能亏损 20%, 50% 可能获益 40%;

(3) 低风险项目: 10% 可能亏损 5%, 90% 可能获益 10%.

长期来看, 哪个项目收益最好?

18. 已知在 t 天内发现沉船的概率为 $P(t)=1-\mathrm{e}^{-t/4}$. 求 (1) 搜索时间超过 3 天的概率; (2) 发现沉船所需要的平均搜索时间.

19. 某种 "公平" 赌博规则如下: 如果你押 a 元赌本, 获胜了可拿回赌本并另赢得 a 元, 输了就失去赌本 a 元. 某赌徒每局获胜的概率为 $\frac{1}{2}$, 但他有很多钱, 故采用下列 "输钱则赌本加倍" 的策略: 第 1 局押赌本 a 元, 输了就在下一局将赌本加倍 (即 $2a$ 元), 继续输就继续加倍 (即 $4a$ 元), $\cdots\cdots$ 一旦赢钱就退出赌博. 求他期望的赢钱数.

20. X 的概率密度函数如下

$$f(x)=\begin{cases}a+bx^2, & 0\leqslant x\leqslant 1,\\ 0, & \text{其他},\end{cases}$$

若 $E(X)=\frac{3}{5}$, 求 a 和 b.

21. 电子管的使用寿命 X 是一个随机变量, 其概率密度函数如下:

$$f(x)=\begin{cases}a^2x\mathrm{e}^{-ax}, & x\geqslant 0,\\ 0, & \text{其他},\end{cases}$$

计算这个电子管的平均使用寿命.

22. ★ 令 $X_1,X_2,\cdots,X_n$ 是独立同分布的随机变量, 概率密度函数为

$$f(x)=\begin{cases}1, & 0<x<1,\\ 0, & \text{其他},\end{cases}$$

求 $Y=\min\{X_1,X_2,\cdots,X_n\}$ 的概率密度函数和数学期望.

23. 修一台个人电脑的时间 X 是一个随机变量, 其概率密度函数如下:

$$f(x)=\begin{cases}\frac{1}{2}, & 0<x<2,\\ 0, & \text{其他},\end{cases}$$

当时间为 x 时, 修理的花费等于 $40+30\sqrt{x}$. 计算修理一台个人电脑的平均花费.

24. 如果 $E(X)=2$ 且 $E(X^2)=8$, 计算 (1) $E[(2+4X)^2]$; (2) $E[X^2+(X+1)^2]$.

25. 投掷 10 枚均匀硬币, 计算正面朝上硬币数的数学期望和方差.

26. 假设随机变量 X 等概率地取值 $1,2,3,4$, 计算 $E(X)$ 和 $D(X)$.

27. 令 $p_i=P\{X=i\}$, 且假设 $p_1+p_2+p_3=1$, 如果 $E(X)=2, p_1, p_2, p_3$ 取何值时 $D(X)$ 达到最大与最小.

28. 若随机变量 X 的概率密度函数为

$$f(x)=\begin{cases}\lambda \mathrm{e}^{-\lambda x}, & x \geqslant 0, \\ 0, & x<0,\end{cases}$$

其中 $\lambda>0$, 证明 $D(X)=\dfrac{1}{\lambda^2}$.

29. 一个随机变量 X 表示一个物品的重量 (单位: g), 其概率密度函数

$$f(x)=\begin{cases}x-8, & 8 \leqslant x \leqslant 9, \\ 10-x, & 9<x \leqslant 10, \\ 0, & \text{其他},\end{cases}$$

(1) 求 $P\{5.5<X \leqslant 9.5\}$;

(2) 计算随机变量 X 的均值和方差;

(3) 厂商对该物品定价为 2 元, 并且保证如果顾客发现物品达不到 8.25 g 可以退货, 物品的生产成本 (单位: 元) 和其重量有关系: $\dfrac{x}{15}+0.35$, 求每件物品的平均利润.

30. 假设 X 是一个随机变量, 其均值和方差都等于 20, 估计 $P\{0 \leqslant X \leqslant 40\}$.

31. 根据过去的经验, 老师知道学生参加她的期末考试的成绩是个均值为 75, 方差为 25 的随机变量.

(1) 估计学生得分在 65 分到 85 分之间的概率;

(2) 要有多少学生参加考试才能使得班级的平均分在 75 ± 5 分的区间里的概率至少为 0.9.

32. 已知二维随机变量 (X,Y) 的联合分布律如下表. 求 $E(X),E(Y),D(X)$, $D(Y),\mathrm{Cov}(X,Y),\rho(X,Y)$.

X	Y	
	1	2
0	0.3	0.3
1	0.1	0.3

33. 两个随机变量的方差分别为 25 和 36, 相关系数为 0.4. 求 $D(X+Y)$ 和 $D(X-Y)$.

34. 考虑 n 个独立的试验, 每个试验的结果都有三种, 分别对应概率 p_1,p_2, $p_3,\sum\limits_{i=1}^{3}p_i=1$. 令 N_i 记为第 i 种结果的试验次数, 证明 $\mathrm{Cov}(N_1,N_2)=-np_1p_2$, 并阐述为什么显然协方差是负的.

35. 如果 X_1 和 X_2 有相同的概率分布函数, 证明

$$\mathrm{Cov}(X_1-X_2,X_1+X_2)=0.$$

36. ★ 设随机变量 X 的概率密度函数

$$f(x)=\begin{cases}\dfrac{1}{4}, & -2<x<2,\\ 0, & \text{其他},\end{cases}$$

令 $Y=X^2$, 证明

(1) X 与 Y 不相关;

(2) X 与 Y 不是相互独立的 (提示: 证明 $P\{-1<X<1,Y<1\}\neq P\{-1<X<1\}P\{Y<1\}$ 即可).

37. 令 X 和 Y 的概率分布函数分别为 F_X 和 F_Y, 且假设存在常数 a 和 $b>0$ 使得

$$F_X(x)=F_Y\left(\frac{x-a}{b}\right).$$

(1) 根据 $E(Y)$ 求 $E(X)$;

(2) 根据 $D(Y)$ 求 $D(X)$.

第 4 章补充例题与习题

第 5 章 几种常见的分布

上一章我们介绍了随机变量的概率分布及其数字特征的概念和性质. 在实际应用中, 我们并不会对所有的概率分布感兴趣. 本章将介绍概率论和数理统计中常用的几类概率分布, 包括离散型的伯努利分布、二项分布和泊松分布, 以及连续型的均匀分布、指数分布、正态分布、χ^2 分布、t 分布和 F 分布.

5.1 伯努利分布和二项分布

5.1.1 伯努利试验与伯努利分布

定义 5.1.1 如果在随机试验中, 我们只对某个随机事件 A 是否发生感兴趣, 其结果可以归类为 "A 发生" 和 "A 不发生" 两类, 我们称这样的随机试验为伯努利试验. 在伯努利试验中, 我们称 "A 发生" 为 "成功", "A 不发生" 为 "失败". 令随机变量

$$X = \begin{cases} 1, & \text{成功}, \\ 0, & \text{失败}. \end{cases}$$

那么 X 的分布律为

$$P\{X = 0\} = 1 - p, \quad P\{X = 1\} = p, \tag{5.1.1}$$

其中 p 为成功 (即事件 A 发生) 的概率. 我们称 X 服从参数为 p 的伯努利分布, 也称为 0–1 分布.

伯努利分布是为纪念瑞士数学家伯努利 (Jacob Bernoulli, 1654—1705) 而命名的. 这是一个最简单的概率分布. 任何一个只有两种结果的随机现象, 比如, 抛硬币观察正反面, 新生儿是男还是女, 投篮是否命中, 检查产品是否合格等, 都可用它来描述. 根据定义容易得到, 伯努利的数学期望和方差为

$$E(X)=p, \quad D(X)=p(1-p). \tag{5.1.2}$$

5.1.2 二项分布的定义与计算

例 5.1.1 掷 5 枚骰子, 求 (1) 正好出现 2 个 "6 点" 的概率? (2) 正好出现 k 个 "6 点" 的概率?

解 对于每个骰子, 我们用 s 表示 "出现 6 点", 用 f 表示 "不出现 6 点". 那么

$$P(s)=\frac{1}{6}, P(f)=\frac{5}{6}.$$

这是一个伯努利试验. s 就是 "成功", f 就是 "失败".

(1) 考虑 5 枚骰子, 正好出现 2 个 "6 点" 的情况有 C_5^2 种, 即

$$(s,s,f,f,f),(s,f,s,f,f,),(s,f,f,s,f),(s,f,f,f,s),(f,s,s,f,f),$$
$$(f,s,f,s,f),(f,s,f,f,s),(f,f,s,s,f),(f,f,s,f,s),(f,f,f,s,s).$$

假设 5 枚骰子独立, 那么每种情况的概率都是

$$\left(\frac{1}{6}\right)^2\left(\frac{5}{6}\right)^3.$$

从而正好出现 2 个 "6 点" 的概率为

$$\mathrm{C}_5^2\left(\frac{1}{6}\right)^2\left(\frac{5}{6}\right)^3.$$

(2) 类似可得, 正好出现 k 个 "6 点" 的概率为

$$\mathrm{C}_5^k\left(\frac{1}{6}\right)^k\left(\frac{5}{6}\right)^{5-k}, \quad k=0,1,\cdots,5.$$ □

一般情况下, 我们有下列定义.

定义 5.1.2 考虑 n 次独立的伯努利试验, 设每次试验 "成功" 的概率都是 p. 令 X 表示 n 次试验中 "成功" 的次数, 则其分布律为

$$P\{X=k\}=\mathrm{C}_n^k p^k(1-p)^{n-k},\quad k=0,1,\cdots,n, \tag{5.1.3}$$

我们称之为具有参数 n, p 的二项分布, 记为 $X\sim B(n,p)$. 显然, 伯努利分布是二项分布在 $n=1$ 时的特例.

利用二项式定理得到

$$\sum_{k=0}^{n}P\{X=k\}=\sum_{k=0}^{n}\mathrm{C}_n^k p^k(1-p)^{n-k}=[p+(1-p)]^n=1.$$

这就验证了二项分布的所有概率之和等于 1. 也就是说, 式 (5.1.3) 构成概率分布律. 由于

$$\frac{P\{X=k\}}{P\{X=k-1\}}=\frac{p}{1-p}\frac{n-k+1}{k},$$

$P\{X=k\}$ 在 $k<(n+1)p$ 递增, $k>(n+1)p$ 递减, 且在 $k=[(n+1)p]$ 取得最大值, 其中 $[x]$ 表示实数 x 的整数部分.

图 5.1 画出了 $B(10,0.5),B(10,0.3)$ 及 $B(10,0.6)$ 的分布律的图像. $p=0.5$ 的图像有对称性, 在 $k=5$ 取得最大值; $p=0.3$ 的图像在 n 取值较小时概率偏大, 在 $k=3$ 取得最大值; $p=0.6$ 的图像在 n 取值较大时概率偏大, 在 $k=6$ 取得最大值.

二项分布计算

Excel 演示

由于二项分布的概率计算涉及组合数 C_n^k, 计算量比较大. 我们可以利用 Excel 函数BINOMDIST 来计算. 使用 BINOMDIST $(k,n,p,0)$ 求得分布律

$$\mathrm{C}_n^k p^k(1-p)^{n-k},$$

而 BINOMDIST $(k,n,p,1)$ 求得分布函数

$$\sum_{i=0}^{k}\mathrm{C}_n^i p^i(1-p)^{n-i}.$$

例如,

$$\text{BINOMDIST}(3,10,0.3,0)=0.2668,\quad \text{BINOMDIST}(3,10,0.3,1)=0.6496.$$

当 n 很大时 (如 $n > 300$), 即使用计算机来计算组合数也是不可靠的. 幸运的是, 在下一节和第 6 章我们会知道, n 很大时二项分布的概率可以用泊松分布或者正态分布来近似计算.

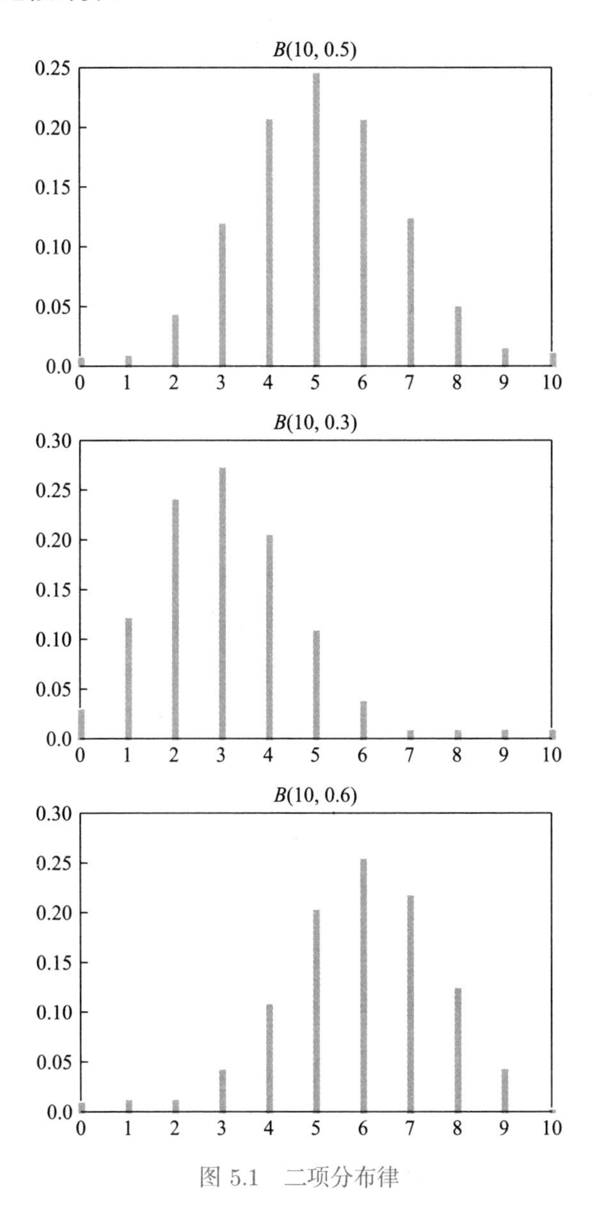

图 5.1 二项分布律

例 5.1.2 已知随机变量 $X \sim B(2,p), Y \sim B(3,p)$, 如果 $P\{X > 1\} = \dfrac{4}{9}$, 求

$P\{Y \leqslant 1\}$.

解 由于 $X \sim B(2,p)$, 于是

$$P\{X>1\}=P\{X=2\}=\mathrm{C}_2^2p^2(1-p)^0=p^2=\frac{4}{9},$$

从而 $p=\frac{2}{3}$, 则

$$P\{Y \leqslant 1\}=P\{Y=0\}+P\{Y=1\}=\mathrm{C}_3^0\left(\frac{2}{3}\right)^0\left(\frac{1}{3}\right)^3+\mathrm{C}_3^1\left(\frac{2}{3}\right)^1\left(\frac{1}{3}\right)^2=\frac{7}{27}.$$

□

5.1.3 二项分布的性质及应用

二项分布是现实世界中最常见的分布之一. 例如, 下列随机变量都近似服从二项分布.

(1) 掷 10 枚硬币, 观测正面朝上的硬币数;

(2) 定点投篮 5 次, 记录投中的次数;

(3) 宾馆网上预订出 320 个房间, 届时房客不来入住的房间数;

(4) 某机房有 100 台电脑, 1 周内出现故障的电脑数.

例 5.1.3 篮球选手定点投篮 5 次, 每次投中的概率为 0.7, 问他投中不足 3 次的概率有多大? 他最有可能投中几次?

解 设他投中次数为 X, 根据题意 $X \sim B(5,0.7)$. 那么

$$\begin{aligned}P\{X<3\}&=P\{X=0\}+P\{X=1\}+P\{X=2\}\\&=0.3^5+\mathrm{C}_5^1 0.7^1 0.3^4+\mathrm{C}_5^2 0.7^2 0.3^3=0.163.\end{aligned}$$

$P\{X=k\}$ 在 $k=[(5+1)\times 0.7]=[4.2]=4$ 取得最大值, 也就是说他最有可能投中 4 次. 事实上,

$$P\{X=3\}=\mathrm{C}_5^3 0.7^3 0.3^2=0.3087,$$

$$P\{X=4\}=\mathrm{C}_5^4 0.7^4 0.3=0.3602,$$

$$P\{X=5\}=0.7^5=0.168.$$

□

例 5.1.4 某系统由 n 个部件组成, 每个部件之间相互独立, 且正常工作概率均为 p. 当至少一半的部件能够工作时, 整个系统才能正常运行. 当概率 p 取何值时, 5 个部件的系统比 3 个部件的系统更稳定?

解 设 X 表示正常工作的部件数, 则 X 服从二项分布 $B(n,p)$, 于是 5 个部件的系统能够正常运行的概率为

$$\mathrm{C}_5^3p^3(1-p)^2+\mathrm{C}_5^4p^4(1-p)+p^5,$$

而相应的 3 个部件的系统能够正常运行的概率为

$$\mathrm{C}_3^2p^2(1-p)+p^3,$$

因此, 5 个部件的系统更加稳定需满足

$$10p^3(1-p)^2+5p^4(1-p)+p^5\geqslant 3p^2(1-p)+p^3,$$

化简可得

$$3p^2(p-1)^2(2p-1)\geqslant 0,$$

即 $p\geqslant\dfrac{1}{2}$. □

下面我们介绍二项分布的两个重要性质. 一个是关于二项分布的数学期望和方差, 另一个阐述了二项分布的可加性.

性质 5.1.1 (1) 设随机变量 $X\sim B(n,p)$, 那么 $E(X)=np$, $D(X)=np(1-p)$.

(2) 设随机变量 $X\sim B(n,p)$, $Y\sim B(m,p)$, 且 X 与 Y 相互独立, 那么它们的和 $X+Y\sim B(n+m,p)$.

证明 由于服从二项分布的随机变量 X 是 n 次独立重复伯努利试验中成功的次数, 我们可以引入随机变量

$$X_i=\begin{cases}1, & 若第i次试验成功,\\ 0, & 若第i次试验失败,\end{cases}\qquad i=1,2,\cdots,n.$$

于是有

$$X=X_1+X_2+\cdots+X_n,$$

其中 $X_i(i=1,2,\cdots,n)$ 均服从参数为 p 的伯努利分布, 且相互独立. 我们称之为二项分布的伯努利分解.

(1) 由 (5.1.2) 有

$$E(X_i)=p, D(X_i)=p(1-p).$$

根据数学期望的可加性,

$$E(X)=E\left(\sum_{i=1}^{n} X_i\right)=\sum_{i=1}^{n} E(X_i)=np,$$

根据方差的独立可加性,

$$D(X)=D\left(\sum_{i=1}^{n} X_i\right)=\sum_{i=1}^{n} D(X_i)=np(1-p).$$

(2) 利用二项分布的伯努利分解, X 可表示为 n 个参数为 p 的伯努利随机变量之和, Y 可表示为 m 个参数为 p 的伯努利随机变量之和, 且这 $n+m$ 个伯努利随机变量相互独立, 所以 $X+Y$ 是 $n+m$ 个参数为 p 的独立伯努利随机变量之和, 因此 $X+Y \sim B(n+m,p)$. □

例 5.1.5 某试卷共 100 道 A, B, C, D 四选一测验题, 每选对 1 题得 1 分. 张同学对其中 60 道题比较有把握, 每题选对的概率为 95%, 其他题目不会做, 全部选了 C. 求他得分数的期望.

解 设每题答对与否相互独立, 那么有把握的 60 道题的得分 $X \sim B(60, 0.95)$, 其他题得分 $Y \sim B(40, 0.25)$. 那么得分总数的期望

$$E(X+Y)=E(X)+E(Y)=60\times 0.95+40\times 0.25=67. \qquad \square$$

例 5.1.6 设随机变量 X 的均值为 80, 均方差为 8, 试估计 $P\{70 \leqslant X \leqslant 90\}$. 若还知道这个随机变量服从二项分布, 会得出怎样的结论?

解 由于 $E(X)=80, \sqrt{D(X)}=8$, 利用切比雪夫不等式得

$$P\{70 \leqslant X \leqslant 90\}=P\{|X-E(X)| \leqslant 10\}>1-\frac{D(X)}{10^2}=1-\frac{64}{100}=0.36.$$

如果我们知道这个随机变量服从二项分布 $B(n,p)$, 由于 $E(X)=np=80, D(X)=$

$np(1-p)=8^2$, 那么 $1-p=0.8, p=0.2, n=400$. 从而

$$\begin{aligned}P\{70\leqslant X\leqslant 90\}&=\sum_{k=70}^{90}\mathrm{C}_{400}^{k}0.2^{k}0.8^{400-k}\\&=\mathrm{BINOMDIST}(90,400,0.2,1)-\mathrm{BINOMDIST}(69,400,0.2,1)\\&=0.8109.\end{aligned}$$

这里 BINOMDIST 是 Excel 的二项分布计算函数. 可见, 切比雪夫不等式只能给出随机变量取值概率的粗略估计. 当我们知道其概率分布时, 可以得到概率的精确值. □

需要指出的是, 在判断一个随机变量服从二项分布的时候, 必须确认三点: (i) 随机变量的值是若干次试验中某个事件发生的次数; (ii) 每次试验中 "成功" 的概率相同; (iii) 每次试验相互独立. 例如, 下列随机变量都不服从二项分布:

(1) 篮球选手连续定点投篮, 用 Z 表示首次命中所需投篮次数. 每次投篮命中与否是独立的伯努利实验, 且每次命中概率相同, 但 Z 不服从二项分布.

(2) 选手甲定点投篮 5 次, 每次投中的概率为 0.6, 乙定点投篮 5 次, 每次投中的概率为 0.4, 那么甲命中的次数 $X\sim B(5,0.6)$, 乙命中的次数 $Y\sim B(5,0.4)$, 且 X 与 Y 相互独立, 但两人命中总次数 $X+Y$ 不服从二项分布.

(3) 一民航机场的送客汽车载有 10 位旅客自机场开出, 旅客有 8 个车站可以下车, 如到达一个车站没有旅客下车, 就不停车. 以 X 表示停车的次数, X 可以写成

$$X=\sum_{i=1}^{8}X_i,$$

其中随机变量

$$X_i=\begin{cases}1, & \text{在第 } i \text{ 站有人下车},\\ 0, & \text{在第 } i \text{ 站没有人下车},\end{cases}\qquad i=1,2,\cdots,10.$$

设每个旅客在 8 个车站以 $\dfrac{1}{8}$ 的概率下车, 且相互独立, 那么 X_i 服从参数为 $p=1-\left(\dfrac{7}{8}\right)^{10}$ 的伯努利分布, 但是由于 $X_i, i=1,2,\cdots,8$ 不相互独立, X 不服从二项分布.

5.2 泊松分布

5.2.1 泊松分布的定义与计算

定义 5.2.1　设随机变量 X 只取非负整数值, 且其分布律为

$$P\{X=k\}=\frac{\lambda^k}{k!}\mathrm{e}^{-\lambda},\quad k=0,1,2,\cdots, \tag{5.2.1}$$

其中 $\lambda>0$, 则称随机变量 X 服从参数为 λ 的泊松分布.

等式 (5.2.1) 定义了一个分布律, 是因为

$$\sum_{k=0}^{\infty}P\{X=k\}=\mathrm{e}^{-\lambda}\sum_{k=0}^{\infty}\frac{\lambda^k}{k!}=\mathrm{e}^{-\lambda}\mathrm{e}^{\lambda}=1.$$

泊松分布计算

Excel 演示

显然, $P\{X=k\}$ 当 $k<\lambda$ 时递增, $k>\lambda$ 时递减, 在 $k=[\lambda]$ 时取得最大, 其中 $[x]$ 表示实数 x 的整数部分. 图 5.2 给出了当 $\lambda=4$ 时的泊松分布律图. 我们可以利用 Excel 函数 POISSON 来计算泊松分布的概率. POISSON$(k,\lambda,0)$ 求得分布律

$$\frac{\lambda^k}{k!}\mathrm{e}^{-\lambda},$$

POISSON$(k,\lambda,1)$ 求得分布函数

$$\sum_{i=0}^{k}\frac{\lambda^i}{i!}\mathrm{e}^{-\lambda}.$$

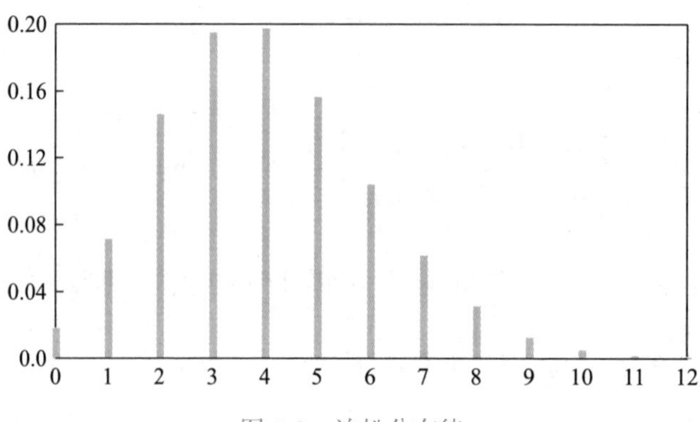

图 5.2　泊松分布律

例如,

$$\text{POISSON}(3,4,0)=0.1954,\quad \text{POISSON}(3,4,1)=0.4335.$$

例 5.2.1 设随机变量 X 服从泊松分布, 已知 $P\{X=1\}=P\{X=2\}$, 求 $P\{X=4\}$.

解 由条件有

$$\frac{\lambda}{1!}\mathrm{e}^{-\lambda}=\frac{\lambda^2}{2!}\mathrm{e}^{-\lambda},$$

得正根 $\lambda=2$. 于是

$$P\{X=4\}=\frac{2^4}{4!}\mathrm{e}^{-2}=\frac{2}{3}\mathrm{e}^{-2}.$$

□

5.2.2 泊松分布的性质与应用

性质 5.2.1 (泊松分布的数学期望和方差) 设随机变量 X 服从参数为 λ 的泊松分布, 则 $E(X)=D(X)=\lambda$.

解 由离散型随机变量数学期望的定义和 (5.2.1) 有

$$E(X)=\sum_{k=0}^{\infty}k\frac{\lambda^k}{k!}\mathrm{e}^{-\lambda}=\lambda\mathrm{e}^{-\lambda}\sum_{k=1}^{\infty}\frac{\lambda^{k-1}}{(k-1)!}=\lambda\mathrm{e}^{-\lambda}\cdot\mathrm{e}^{\lambda}=\lambda.$$

而

$$\begin{aligned}E(X^2)=&E[X(X-1)]+E(X)\\=&\sum_{k=0}^{\infty}k(k-1)\frac{\lambda^k}{k!}\mathrm{e}^{-\lambda}+\lambda\\=&\sum_{k=2}^{\infty}\frac{\lambda^k}{(k-2)!}\mathrm{e}^{-\lambda}+\lambda\\=&\lambda^2\sum_{k=2}^{\infty}\frac{\lambda^{k-2}}{(k-2)!}\mathrm{e}^{-\lambda}+\lambda\\=&\lambda^2\sum_{i=0}^{\infty}\frac{\lambda^i}{i!}\mathrm{e}^{-\lambda}+\lambda\\=&\lambda^2\mathrm{e}^{\lambda}\mathrm{e}^{-\lambda}+\lambda=\lambda^2+\lambda,\end{aligned}$$

于是有

$$D(X)=E(X^2)-[E(X)]^2=\lambda^2+\lambda-\lambda^2=\lambda.$$

□

泊松分布的一个重要应用是作为二项分布的近似计算. 下面的定理表明: 当 n 很大而 p 很小时, 二项分布 $B(n,p)$ 与参数为 np 的泊松分布近似相等. 通常 $n\geqslant 20, p\leqslant 0.1, \lambda=np\leqslant 5$ 时就可以用此近似计算方法.

定理 5.2.1 (泊松定理) 若 $\lim\limits_{n\to\infty} np_n=\lambda$, 则有

$$\lim_{n\to\infty}\mathrm{C}_n^k p_n^k(1-p_n)^{n-k}=\frac{\lambda^k}{k!}\mathrm{e}^{-\lambda},\quad k=0,1,2,\cdots$$

证明 令 $\lambda_n=np_n$, 则 $n\to\infty$ 时, $\lambda_n\to\lambda, p_n\to 0$, 而

$$\begin{aligned}\mathrm{C}_n^k p_n^k(1-p_n)^{n-k}&=\frac{\mathrm{A}_n^k}{k!}p_n^k(1-p_n)^{n-k}\\&=\frac{\mathrm{A}_n^k}{k!}\left(\frac{\lambda_n}{n}\right)^k(1-p_n)^{n-k}\\&=\frac{\mathrm{A}_n^k}{n^k}\frac{\lambda_n^k}{k!}\frac{(1-p_n)^n}{(1-p_n)^k},\end{aligned}$$

其中 $\mathrm{A}_n^k=n(n-1)\cdots(n-k+1)$. 对于固定的 k, 当 $n\to\infty$ 时,

$$\frac{\mathrm{A}_n^k}{n^k}\to 1,\quad \lambda_n^k\to\lambda^k,\quad (1-p_n)^n\to\mathrm{e}^{-\lambda},\quad (1-p_n)^k\to 1.$$

定理得证. □

例 5.2.2 某微信群有 30 人, 每人在 1 h 内发言的概率为 0.05, 且相互独立. 求 1 h 内发言人数超过 3 人的概率.

解 设 X 为发言人数, 则 $X\sim B(30,0.05)$, 那么

$$P\{X>3\}=1-\sum_{k=0}^{3}P\{X=k\}=1-\sum_{k=0}^{3}\mathrm{C}_{30}^k 0.05^k 0.95^{30-k}=0.0608.$$

若用均值为 1.5 的泊松分布来近似计算 $B(30,0.05)$, 有

$$P\{X>3\}\approx 1-\sum_{k=0}^{3}\frac{1.5^k}{k!}\mathrm{e}^{-1.5}=0.0656.$$

□

泊松分布由法国数学家泊松 (Poisson) 1838 年发表, 在管理科学、运筹学以及电信工程等领域中都占有重要的地位. 在实际问题中, 当一个随机事件以平均速率 λ 随机且独立地出现时, 那么这个事件在单位时间 (或空间) 内出现的次数或个数就近似地服从参数为 λ 的泊松分布. 例如某个网页一天的访问量、10 分钟内来到某公共汽车站的乘客数、某放射性物质发射出的粒子数、一页书的印刷错误数等, 都近似地服从泊松分布.

例 5.2.3 假设某高架桥路段平均每周发生的事故数为 3 次. 计算一周至少发生一次事故的概率.

解 令 X 为一周内该高架桥路段发生的事故数量. 因为将有大量的车经过该路段, 每辆车发生事故的概率很小, 所以可以合理地假设 X 服从均值为 3 的泊松分布. 因此

$$P\{X \geqslant 1\} = 1 - P\{X = 0\} = 1 - \mathrm{e}^{-3} \approx 0.9502.$$

□

例 5.2.4 某厂产品的不合格率为 0.03, 现在要把产品装箱, 若要以不小于 0.9 的概率保证每箱中至少有 100 个合格品, 那么每箱至少应装多少个产品?

解 设每箱至少装 $100 + x$ 个产品, 假设每箱中不合格品个数为随机变量 X, 则 X 服从二项分布 $B(100 + x, 0.03)$. 利用定理 5.2.1 可以近似取 $\lambda = (100 + x) \times 0.03 \approx 3$, 则至少有 100 个合格品的概率为

$$P\{X \leqslant x\} = \sum_{i=0}^{x} \frac{3^i}{i!}\mathrm{e}^{-3} \geqslant 0.9.$$

通过计算可得 $x \geqslant 5$. 也就是说, 每箱至少应装 105 个产品. □

性质 5.2.2 (泊松分布的可加性) 假设 X_1 和 X_2 分别服从参数为 λ_1 和 λ_2 的泊松分布, 且 X_1 与 X_2 相互独立, 那么 $X_1 + X_2$ 服从参数为 $\lambda_1 + \lambda_2$ 的泊松分布. 也就是说, 独立泊松分布随机变量的和仍服从泊松分布.

证明 考虑随机变量 $X_1 + X_2$ 的分布律, 对任意 $n = 0, 1, 2, \cdots$,

$$\begin{aligned} P\{X_1 + X_2 = n\} &= \sum_{i=0}^{n} P\{X_1 = i, X_2 = n - i\} \\ &= \sum_{i=0}^{n} P\{X_1 = i\}P\{X_2 = n - i\} \end{aligned}$$

$$
\begin{aligned}
&= \sum_{i=0}^{n} \frac{\lambda_1^i}{i!} e^{-\lambda_1} \frac{\lambda_2^{n-i}}{(n-i)!} e^{-\lambda_2} \\
&= \frac{1}{n!} e^{-(\lambda_1+\lambda_2)} \sum_{i=0}^{n} \frac{n!}{i!(n-i)!} \lambda_1^i \lambda_2^{n-i} \\
&= \frac{(\lambda_1+\lambda_2)^n}{n!} e^{-(\lambda_1+\lambda_2)}.
\end{aligned}
$$

以上第二个等式利用了独立性，最后一个等式利用了二项式定理. 由此可以看出 $X_1 + X_2$ 服从参数为 $\lambda_1 + \lambda_2$ 的泊松分布. □

例 5.2.5　如果保险公司平均每天处理的索赔数量是 5 件，且不同天的索赔数量是相互独立的. 问

(1) 1 天中索赔数量小于 3 件的概率是多少?

(2) 5 天中恰好有 3 天的索赔数量是 4 件的概率是多少?

(3) 5 天中索赔数量总数至少是 20 件的概率是多少?

解　因为保险公司可能有大量的客户，在任何一天每个客户要求索赔的概率很小，因此可以合理地假设每天处理的索赔数量是一个泊松随机变量，记为 X. 因为 $E(X) = 5$，所以 X 服从参数为 5 的泊松分布.

(1) 任何一天索赔数量少于 3 件的概率是

$$
\begin{aligned}
P\{X < 3\} &= P\{X = 0\} + P\{X = 1\} + P\{X = 2\} \\
&= e^{-5} + e^{-5}\frac{5^1}{1!} + e^{-5}\frac{5^2}{2!} \\
&= \frac{37}{2} e^{-5} \\
&\approx 0.1247.
\end{aligned}
$$

(2) 由于假设在不同天的索赔数量是相互独立的，所以在 5 天中恰好有 4 件事件索赔的天数服从二项分布 $B(5, P\{X = 4\})$. 又因为

$$
P\{X = 4\} = \frac{5^4}{4!} e^{-5} = 0.1755,
$$

因此，5 天中恰好有 3 天的索赔数量是 4 件的概率是

$$
C_5^3 (0.1755)^3 (0.8245)^2 = 0.0367.
$$

(3) 设 X_i 是第 i 天索赔数量, 那么 X_i 服从均值为 5 的泊松分布, $i=1,\cdots,5$, 且相互独立. 根据泊松分布的可加性, 5 天中索赔数量总数 $\sum_{i=1}^{5} X_i$ 服从均值为 25 的泊松分布, 所以 5 天中索赔数量总数至少是 20 件的概率是

几何分布与超几何分布

$$1-\sum_{k=0}^{19} \frac{25^k}{k!}\mathrm{e}^{-25}=1-\mathrm{POISSON}(19,25,1)=0.8664.$$

其中 POISSON 是 Excel 的泊松分布计算函数. □

5.3 均匀分布

定义 5.3.1 设连续型随机变量 X 的概率密度函数为

$$f(x)=\begin{cases}\dfrac{1}{\beta-\alpha}, & \text{如果 } \alpha<x<\beta,\\ 0, & \text{其他}\end{cases}$$

如图 5.3 所示, 则称 X 在区间 (α,β) 上服从均匀分布, 记为 $X\sim U(\alpha,\beta)$.

注意, 由于连续型随机变量在某一点取值的概率为 0, 上述区间 (α,β) 开或闭无关紧要, 写成 $(\alpha,\beta]$, $[\alpha,\beta)$ 或 $[\alpha,\beta]$ 都是等价的.

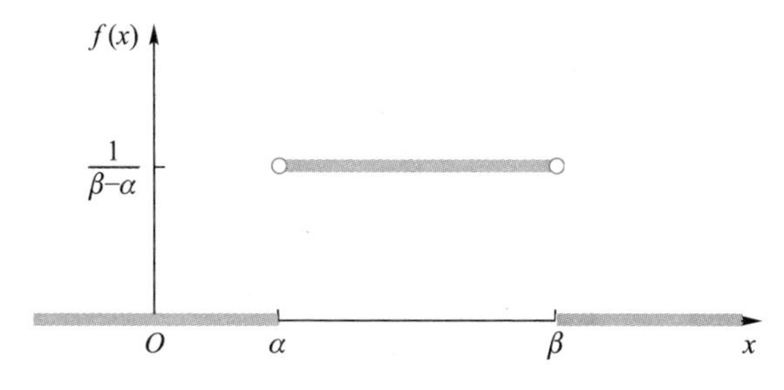

图 5.3 均匀分布的概率密度函数

例 5.3.1 如果 $X\sim U(5,10)$, 计算概率 $P\{6<X\leqslant 9\}, P\{1\leqslant X\leqslant 6\}$ 和 $P\{X\geqslant 9\}$.

解 **根据均匀分布的定义, 密度函数为**

$$f(x)=\begin{cases}\dfrac{1}{10-5}, & \text{如果 } 5<x<10,\\ 0, & \text{其他},\end{cases}$$

所以

$$P\{6<X\leqslant 9\}=\int_6^9 f(x)\mathrm{d}x=\int_6^9\frac{1}{5}\mathrm{d}x=\frac{3}{5},$$
$$P\{1\leqslant X\leqslant 6\}=\int_1^6 f(x)\mathrm{d}x=\int_5^6\frac{1}{5}\mathrm{d}x=\frac{1}{5},$$
$$P\{X\geqslant 9\}=\int_9^{+\infty} f(x)\mathrm{d}x=\int_9^{10}\frac{1}{5}\mathrm{d}x=\frac{1}{5}.$$

□

性质 5.3.1 (均匀分布的数学期望和方差) **设 $X\sim U(\alpha,\beta)$, 则**

$$E(X)=\frac{\alpha+\beta}{2},\quad D(X)=\frac{(\beta-\alpha)^2}{12}.$$

证明 **根据连续型随机变量期望的定义**

$$\begin{aligned}E(X)&=\int_\alpha^\beta\frac{x}{\beta-\alpha}\mathrm{d}x\\&=\frac{\beta^2-\alpha^2}{2(\beta-\alpha)}\\&=\frac{\alpha+\beta}{2}.\end{aligned}$$

为计算方差, 先计算

$$\begin{aligned}E(X^2)&=\frac{1}{\beta-\alpha}\int_\alpha^\beta x^2\mathrm{d}x\\&=\frac{\beta^3-\alpha^3}{3(\beta-\alpha)}\\&=\frac{\beta^2+\alpha\beta+\alpha^2}{3},\end{aligned}$$

因此

$$\begin{aligned}D(X)&=E(X^2)-[E(X)]^2\\&=\frac{\alpha^2+\alpha\beta+\beta^2}{3}-\left(\frac{\alpha+\beta}{2}\right)^2\\&=\frac{(\beta-\alpha)^2}{12}.\end{aligned}$$

□

均匀分布是最简单的连续型随机分布之一. 在实际应用中, 当我们知道一个随机变量的取值范围, 但缺乏进一步信息判断其取值偏重于哪些位置时, 往往可假设其服从均匀分布.

例 5.3.2 地铁每隔 10 min 在某站停靠一次, 如果一个乘客不知道地铁停靠的具体时间, 随机时刻到达该站, 求他等待地铁的时间超过 3 min 的概率.

解 我们可以假设乘客到达时刻 X 服从某一个 10 min 间隔区间 [0,10] 上的均匀分布, 这样他等待地铁的时间超过 3 min 的概率为

$$P\{X<7\}=\frac{7-0}{10-0}=\frac{7}{10}.$$ □

最后我们来看均匀分布的一个性质, 它说明均匀分布的线性函数也是均匀分布.

性质 5.3.2 (均匀分布的线性不变性) 设 $X\sim U(\alpha,\beta)$, 则对任意实数 a,b, $b\neq 0$, 随机变量 $Y=a+bX$ 也服从均匀分布.

证明 不妨设 $b>0$, 由于 X 取值于 (α,β), 那么 $Y=a+bX$ 取值于 (A,B). 其中

$$A=a+b\alpha, B=a+b\beta.$$

先考虑 Y 的分布函数

$$F_Y(y)=P\{Y\leqslant y\}.$$

显然当 $y\leqslant A$ 时, $F_Y(y)=0$; 而 $y\geqslant B$ 时, $F_Y(y)=1$; 当 $A<y<B$ 时,

$$\begin{aligned}F_Y(y)&=P\{Y\leqslant y\}=P\{a+bX\leqslant y\}=P\left\{X\leqslant\frac{y-a}{b}\right\}\\&=\int_{\alpha}^{\frac{y-a}{b}}\frac{1}{\beta-\alpha}\mathrm{d}x=\frac{y-A}{B-A}.\end{aligned}$$

求导得到 Y 的密度函数

$$f_Y(y)=\begin{cases}\dfrac{1}{B-A}, & A<y<B,\\ 0, & 其他.\end{cases}$$

所以 Y 也服从均匀分布. □

5.4 指数分布

定义 5.4.1 若随机变量 X 的概率密度函数为

$$f(x)=\begin{cases}\lambda \mathrm{e}^{-\lambda x}, & x\geqslant 0,\\ 0, & x<0,\end{cases}$$

其中 $\lambda>0$, 则称 X 服从具有参数 λ 的指数分布 (或简称为指数分布).

指数分布的概率密度函数如图 5.4 所示, 它的分布函数见第 4 章例 4.1.4.

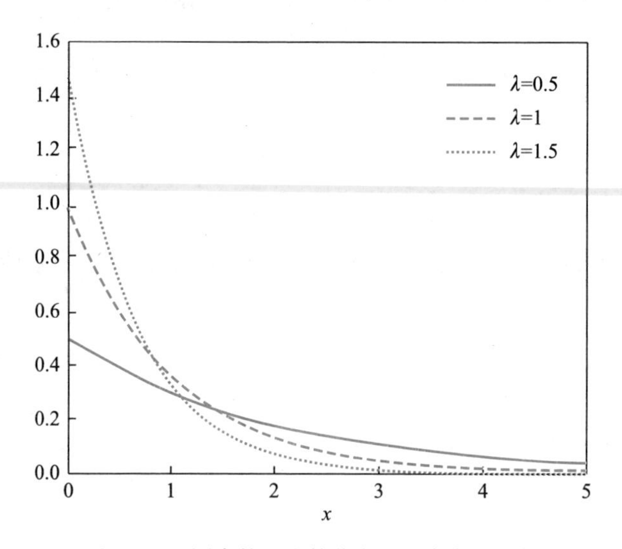

图 5.4 不同参数下指数分布的概率密度函数

由连续型随机变量数学期望和方差的定义, 直接计算得到下列结论 (见第 4 章例 4.3.2 和第 4 章习题 28).

性质 5.4.1 (指数分布的数学期望和方差) 设 X 服从参数为 λ 的指数分布, 那么

$$E(X)=\frac{1}{\lambda},\quad D(X)=\frac{1}{\lambda^2}.$$

指数分布通常应用于某一个特定随机事件发生的间隔时间. 如果单位时间内 "事件发生" 数目服从参数为 λ 的泊松分布, 那么两次 "事件发生" 之间的间隔时间服从同一参数的指数分布. 如: 某地区一周内发生的交通事故数服从均值

为 3 次的泊松分布, 那么两次交通事故的间隔时间就服从均值为 $\frac{1}{3}$ 周的指数分布. 另外, 某网页两次访问之间的间隔时间, 某车险合同两次理赔之间的间隔时间, 银行网点顾客排队的等待时间, 一本书上两次印刷错误间隔的字符数等, 也都被证实近似服从指数分布.

例 5.4.1 设顾客在某银行排队等待服务的时间服从均值为 5 min 的指数分布, 求等待时间超过 10 min 的概率.

解 设 X 为顾客的等待时间, 根据题意, 其密度函数为

$$f(x)=\begin{cases}\lambda \mathrm{e}^{-\lambda x}, & x\geqslant 0,\\ 0, & x<0.\end{cases}$$

由于 $E(X)=5$, 所以 $\lambda=\frac{1}{5}$. 这样

$$P\{X>10\}=\int_{10}^{+\infty}0.2\mathrm{e}^{-0.2x}\mathrm{d}x=\mathrm{e}^{-2}\approx 0.1353. \qquad \square$$

性质 5.4.2 (指数分布的无记忆性) 设 X 服从指数分布, 那么

$$P\{X>s+t|X>t\}=P\{X>s\},\quad 对任意\ s,t>0. \tag{5.4.1}$$

证明 式 (5.4.1) 中的条件等价于

$$\frac{P\{X>s+t,X>t\}}{P\{X>t\}}=P\{X>s\}$$

或

$$P\{X>s+t\}=P\{X>s\}P\{X>t\}. \tag{5.4.2}$$

若 X 服从参数为 λ 的指数分布, 则对 $x>0$,

$$P\{X>x\}=1-F(x)=\mathrm{e}^{-\lambda x}.$$

可知 X 满足式 (5.4.2) (因为 $\mathrm{e}^{-\lambda(s+t)}=\mathrm{e}^{-\lambda s}\mathrm{e}^{-\lambda t}$). $\square$

无记忆性是指数分布的一个独特的性质. 式 (5.4.1) 的意义为: 若 X 表示一个元件在损坏之前的正常工作时间, 如果此元件在时刻 t 能正常工作, 它再持续工作 s 单位时间的概率与一个新元件能持续工作 s 单位时间的概率相同. 也就是说, 这种元件将来能持续工作的时间与已工作的时间无关, 总是像个新元件一样工作.

例 5.4.2 一种灯泡的寿命服从指数分布, 其平均寿命为 100 周. 若某个店铺安装了 100 只这样的灯泡, 每隔 20 周对损坏的灯泡更换一次, 而其他时间不作更换. 求每个更换周期内需要更换的灯泡数量的数学期望和方差.

解 令 T 表示灯泡的寿命, 那么 T 服从指数分布, 其参数

$$\lambda = \frac{1}{E(T)} = 0.01.$$

对于每个灯泡来说:

$$P\{T \leqslant 20\} = 1 - \mathrm{e}^{-0.01\times 20} = 0.18.$$

在第 20 周时, 检查所有的灯泡, 坏灯泡的个数 R 服从二项分布 $B(n,p), n = 100, p = 0.18$. 从而

$$E(R) = np = 100 \times 0.18 = 18,$$
$$D(R) = np(1-p) = 100 \times 0.18 \times (1-0.18) = 14.76.$$

指数分布的无记忆性告诉我们: 我们不需要考虑旧灯泡已使用的时间, 它将来的寿命会像新灯泡一样. 所以, 任何一个更换周期内损坏的灯泡数量服从与 R 同样的概率分布, 上述结论适用. □

5.5 正态分布

本节我们将介绍数理统计中最重要的一类概率分布 —— 正态分布. 正态分布是由法国数学家棣莫弗 (de Moivre) 在 1733 年引入的, 他发现当二项分布的参数值 n 很大时可以用正态分布来近似计算其概率. 德国数学家高斯 (Gauss) 在研究测量误差时从另一个角度导出了正态分布, 故又称为高斯分布. 第 6 章的中心极限定理将揭示这样一个重要结论: 如果一个物理量是由许多微小的独立随机因素作用叠加而形成的结果, 那么就可以认为这个量近似服从正态分布. 在现实生活中, 许多随机现象都近似服从正态分布. 例如, 测量误差、大面积考试的成绩、某个地区历年的最低气温、通信中干扰信号的强度等都会近似服从正态分布. 首先我们介绍最简单的正态分布 —— 标准正态分布.

5.5.1 标准正态分布

定义 5.5.1 若随机变量 Z 的密度函数为

$$\phi(z)=\frac{1}{\sqrt{2\pi}}\mathrm{e}^{-\frac{z^2}{2}},-\infty<z<+\infty,$$

则称 Z 服从标准正态分布, 记为 $Z\sim N(0,1)$.

可以验证 (见习题 29), $\phi(z)$ 是一个概率密度函数. 它是一条钟形曲线 (如图 5.5), 并且关于 $z=0$ 对称, 且在 $z=0$ 时取最大值 $\frac{1}{\sqrt{2\pi}}\approx 0.4$. 令 $\varPhi(z)$ 表示它的分布函数, 也就是说,

$$\varPhi(z)=\frac{1}{\sqrt{2\pi}}\int_{-\infty}^{z}\mathrm{e}^{-\frac{y^2}{2}}\mathrm{d}y,\quad -\infty<z<+\infty.$$

利用密度函数 $\phi(z)$ 的对称性, 不难得到 $\forall z\in R$, 有 $\varPhi(-z)=1-\varPhi(z)$.

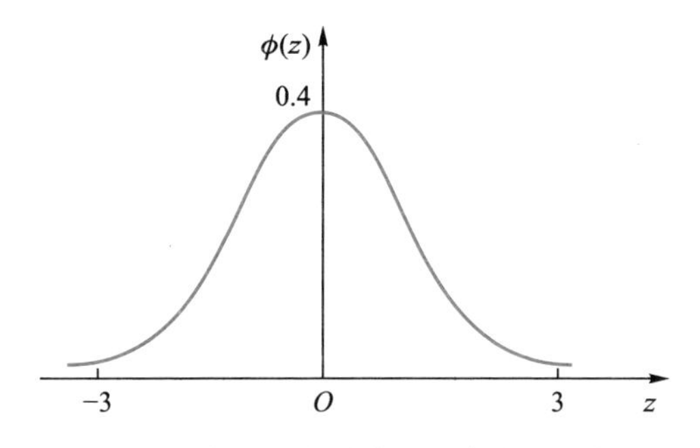

图 5.5 标准正态分布的概率密度函数

对给定的 z, $\varPhi(z)$ 是一个定积分, 但无法求得它的精确解, 需要使用数值计算来求近似解. 为了方便起见, 附表 A1 中对若干 $z\geqslant 0$ 给出了 $\varPhi(z)$ 的值. 如直接查附表 A1 可得

标准正态分布计算 Excel 演示

$$\varPhi(1.96)=0.975.$$

当 $z<0$ 时, 可利用 $\varPhi(z)=1-\varPhi(-z)$ 来计算. 例如,

$$\varPhi(-1.96)=1-\varPhi(1.96)=1-0.975=0.025.$$

另外, 我们可使用 Excel 软件中的函数 NORMSDIST 来计算 $\varPhi(z)$. 例如,

$$\varPhi(1.645)=\text{NORMSDIST }(1.645)=0.95.$$

例 5.5.1　设随机变量 $X \sim N(0,1)$, 求 $P\{X \leqslant -1.4\}$ 及 $P\{|X| > 2.1\}$.

解

$$P\{X \leqslant -1.4\} = \Phi(-1.4) = 1 - \Phi(1.4) = 1 - 0.9192 = 0.0808,$$

$$P\{|X| > 2.1\} = 2P\{X > 2.1\} = 2[1 - \Phi(2.1)] = 2(1 - 0.9821) = 0.0358.$$

□

定义 5.5.2 (分位数)　设 $Z \sim N(0,1)$. 对 $\alpha \in (0,1)$, 若实数 z_α 满足

$$P\{Z > z_\alpha\} = 1 - \Phi(z_\alpha) = \alpha,$$

即上尾事件的概率为 α 时 (参见图 5.6), 称 z_α 为标准正态分布的上侧 α 分位数或下侧 $1-\alpha$ 分位数, 简称 α 分位数. 根据标准正态分布的对称性, 我们知道

$$z_{1-\alpha} = -z_\alpha.$$

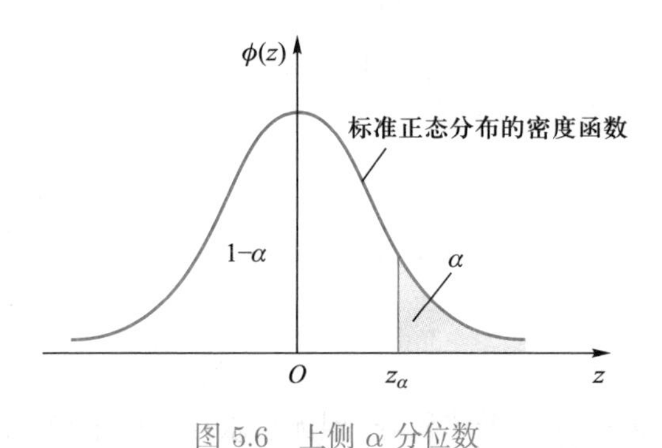

图 5.6　上侧 α 分位数

分位数的概念将在数理统计中扮演重要的角色. 分位数 z_α 的值可反查附表 A1 得到, 如由

$$\Phi(1.645) = 0.95, \quad \Phi(1.96) = 0.975, \quad \Phi(2.33) = 0.99$$

可得

$$z_{0.05} = 1.645, \quad z_{0.025} = 1.96, \quad z_{0.01} = 2.33.$$

另外, z_α 的值也可利用 Excel 函数 NORMSINV 来计算. NORMSINV(p) 是分布函数 NORMSDIST(z) 的逆函数, 即 p 为下侧概率值. 因此, 为了得到 z_α, 方

法为

$$z_\alpha = \text{NORMSINV}(1-\alpha).$$

例如,

$$z_{0.05} = \text{NORMSINV}(0.95) = 1.645,$$

$$z_{0.025} = \text{NORMSINV}(0.975) = 1.96,$$

$$z_{0.01} = \text{NORMSINV}(0.99) = 2.33.$$

下面我们来计算标准正态分布的数学期望 $E(Z)$ 和方差 $D(Z)$. 由连续型随机变量数学期望的定义, 有

$$E(Z) = \frac{1}{\sqrt{2\pi}}\int_{-\infty}^{+\infty} z\mathrm{e}^{-\frac{z^2}{2}}\mathrm{d}z,$$

由于被积函数为一奇函数, 且积分区间是对称的, 所以

$$E(Z) = 0.$$

进一步,

$$\begin{aligned} D(Z) &= E(Z^2) - [E(Z)]^2 = E(Z^2) \\ &= \frac{1}{\sqrt{2\pi}}\int_{-\infty}^{+\infty} z^2\mathrm{e}^{-\frac{z^2}{2}}\mathrm{d}z \\ &= \frac{1}{\sqrt{2\pi}}\int_{-\infty}^{+\infty} (-z)\mathrm{d}\mathrm{e}^{-\frac{z^2}{2}}, \end{aligned} \tag{5.5.1}$$

令 $u=-z, v=\mathrm{e}^{-\frac{z^2}{2}}$, 由分部积分公式

$$\int u\mathrm{d}v = uv - \int v\mathrm{d}u$$

得到

$$\begin{aligned} \int_{-\infty}^{+\infty} z^2\mathrm{e}^{-\frac{z^2}{2}}\mathrm{d}z &= -z\mathrm{e}^{-\frac{z^2}{2}}\Big|_{-\infty}^{+\infty} + \int_{-\infty}^{+\infty} \mathrm{e}^{-\frac{z^2}{2}}\mathrm{d}z \\ &= \int_{-\infty}^{+\infty} \mathrm{e}^{-\frac{z^2}{2}}\mathrm{d}z, \end{aligned}$$

因此, 由 (5.5.1) 可得

$$D(Z) = \int_{-\infty}^{+\infty} \phi(z)\mathrm{d}z = 1,$$

由此可见, 标准正态分布的期望 $E(Z)=0$, 方差 $D(Z)=1$.

5.5.2 正态分布及其性质

定义 5.5.3 若随机变量 X 的密度函数为

$$f(x)=\frac{1}{\sqrt{2\pi}\sigma}\mathrm{e}^{-\frac{(x-\mu)^2}{2\sigma^2}},\quad -\infty<x<+\infty,$$

则称 X 服从参数为 μ 和 σ^2 的正态分布(其中 $\sigma>0$), 记为 $X\sim N(\mu,\sigma^2)$.

可见标准正态分布是 $\mu=0,\sigma=1$ 时的正态分布 $N(0,1)$. 正态分布的密度函数也是一条钟形曲线, 且关于 $x=\mu$ 对称, 在 $x=\mu$ 时取最大值 $\dfrac{1}{\sqrt{2\pi}\sigma}\approx\dfrac{0.4}{\sigma}$. 由于密度函数的积分总是等于 1, σ 越大, 曲线越平缓 (如图 5.7), 称 μ 为正态分布的位置参数, 而 σ^2 为其形状参数. 随后我们将会知道, 参数 μ 和 σ^2 恰好是正态分布的数学期望和方差.

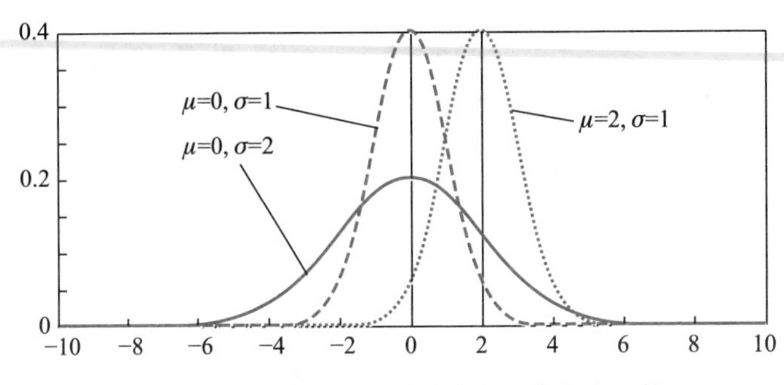

图 5.7 不同参数的正态分布的概率密度函数

性质 5.5.1 (正态分布的线性不变性) 若随机变量 $X\sim N(\mu,\sigma^2)$, 那么对于任何常数 a 和 b, $b\neq 0$, 随机变量 $Y=a+bX$ 也服从正态分布, 具体来说 $Y\sim N(a+b\mu,b^2\sigma^2)$.

证明 令 $F_Y(y)$ 为 Y 的分布函数. 对 $b>0$, 有

$$\begin{aligned}F_Y(y)&=P\{Y\leqslant y\}\\&=P\{a+bX\leqslant y\}\\&=P\left\{X\leqslant\frac{y-a}{b}\right\}\\&=F_X\left(\frac{y-a}{b}\right),\end{aligned}$$

其中 F_X 是 X 的分布函数. 同样地, 如果 $b<0$, 可得

$$\begin{aligned}F_Y(y) &= P\{a+bX \leqslant y\} \\ &= P\left\{X \geqslant \frac{y-a}{b}\right\} \\ &= 1-F_X\left(\frac{y-a}{b}\right),\end{aligned}$$

求导可得 Y 的密度函数为

$$f_Y(y)=\begin{cases}\dfrac{1}{b}f_X\left(\dfrac{y-a}{b}\right), & \text{如果 } b>0, \\ -\dfrac{1}{b}f_X\left(\dfrac{y-a}{b}\right), & \text{如果 } b<0,\end{cases}$$

即

$$\begin{aligned}f_Y(y) &= \frac{1}{|b|}f_X\left(\frac{y-a}{b}\right) \\ &= \frac{1}{\sqrt{2\pi}\sigma|b|}\mathrm{e}^{-\frac{\left(\frac{y-a}{b}-\mu\right)^2}{2\sigma^2}} \\ &= \frac{1}{\sqrt{2\pi}\sigma|b|}\mathrm{e}^{-\frac{(y-a-b\mu)^2}{2b^2\sigma^2}}.\end{aligned}$$

上式表明 $Y=a+bX \sim N(a+b\mu, b^2\sigma^2)$. □

利用性质 5.5.1, 我们得到

推论 5.5.1 (正态分布的标准化) 设 $X \sim N(\mu, \sigma^2)$, 那么

(1) $X^* = \dfrac{X-\mu}{\sigma}$ 服从标准正态分布;

(2) $E(X)=\mu, D(X)=\sigma^2$;

(3) 对任意 $a<b$, 有

$$P\{a<X<b\}=\Phi\left(\frac{b-\mu}{\sigma}\right)-\Phi\left(\frac{a-\mu}{\sigma}\right). \tag{5.5.2}$$

证明

(1) 在性质 5.5.1 中令 $a=-\dfrac{\mu}{\sigma}, b=\dfrac{1}{\sigma}$ 可得 $X^* \sim N(0,1)$.

(2) 由于 $E(X^*)=0, D(X^*)=1$, 根据数学期望的性质得证.

(3) 这是由于

$$P\{a<X<b\}=P\left\{\frac{a-\mu}{\sigma}<X^*<\frac{b-\mu}{\sigma}\right\},$$

则结论得证. □

推论 5.5.1 是一个很有价值的结论. 它使得一般正态分布的计算总可以转化为标准正态分布来解决.

例 5.5.2 设随机变量 $X \sim N(3,4)$, 求 $P\{0 < X < 5\}$.

解 由推论 5.5.1 (3),

$$P\{0 < X < 5\} = P\left\{\frac{0-3}{2} < \frac{X-3}{2} < \frac{5-3}{2}\right\} = \Phi(1) - \Phi(-1.5)$$
$$= \Phi(1) - [1 - \Phi(1.5)] = 0.8413 - 1 + 0.9332 = 0.7745.$$

□

理论上说, 正态分布随机变量可以取任意实数值, 但下列例题告诉我们, 正态分布随机变量的取值绝大部分在其均值附近, 偏差一般不超过 2 倍的标准差, 极少超过 3 倍的标准差. 如图 5.8 所示.

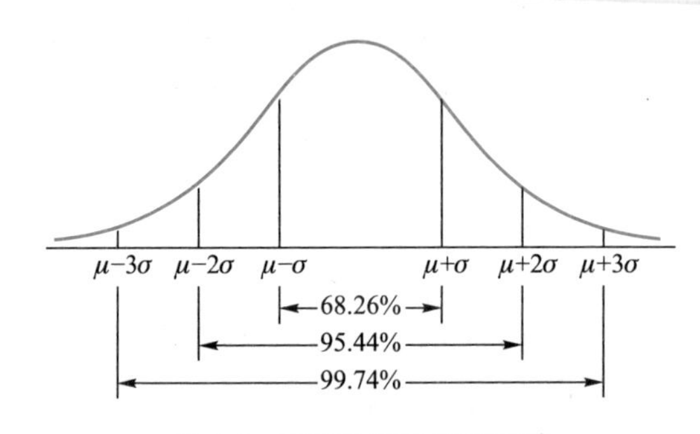

图 5.8 正态分布的经验法则

例 5.5.3 设 $X \sim N(\mu,\sigma^2)$, 求 $P\{|X-\mu| \leqslant \sigma\}$, $P\{|X-\mu| \leqslant 2\sigma\}$, $P\{|X-\mu| \leqslant 3\sigma\}$.

解 根据推论 5.5.1, $X^* = \dfrac{X-\mu}{\sigma}$ 服从标准正态分布, 从而

$$P\{|X-\mu| \leqslant \sigma\} = P\{-1 \leqslant X^* \leqslant 1\} = \Phi(1) - \Phi(-1) = 2\Phi(1) - 1$$
$$= 2 \times 0.8413 - 1 = 0.6826.$$
$$P\{|X-\mu| \leqslant 2\sigma\} = P\{-2 \leqslant X^* \leqslant 2\} = \Phi(2) - \Phi(-2) = 2\Phi(2) - 1$$
$$= 2 \times 0.9772 - 1 = 0.9544.$$

$$P\{|X-\mu| \leqslant 3\sigma\} = P\{-3 \leqslant X^* \leqslant 3\} = \Phi(3) - \Phi(-3) = 2\Phi(3) - 1$$
$$= 2 \times 0.9987 - 1 = 0.9974.$$

□

例 5.5.4 人们使用若干根蜡烛的亮度来衡量某一种灯泡的亮度, 设某型号的灯泡亮度服从均值为 2000 根蜡烛, 标准差为 85 根蜡烛的正态分布, 试确定一个下限, 使得仅有 5% 的灯泡不合格.

解 设 X 表示灯泡的亮度, 那么 $X \sim N(2000, 85^2)$. 问题是要确定 L, 使得

$$P\{X > L\} = 1 - 0.05 = 0.95.$$

根据推论 5.5.1,

$$P\{X > L\} = P\left\{\frac{X-2000}{85} > \frac{L-2000}{85}\right\} = 1 - \Phi\left(\frac{L-2000}{85}\right),$$

我们有

$$\frac{L-2000}{85} = z_{0.95} = -z_{0.05} = -1.645.$$

从而得到 $L = 1860$. □

例 5.5.5 假设有一种二进制消息 (即由 0 或 1 构成) 需要使用电报从 A 传送到 B. 但是, 由于存在信道噪声的干扰, 从而可能会出现传输错误. 拍电报时, 如果消息是 1, 则发送 2; 如果消息是 0, 则发送 -2, 设在 A 处发送的是 $x(x = \pm 2)$, 在 B 处收到的消息记为 $R = x + N$, 其中 N 是信道噪声干扰. 接收端 B 在收到消息 R 后, 按如下规则进行译码:

若 $R \geqslant 0.5$, 则译为 1, 若 $R < 0.5$, 则译为 0,

假设信道噪声服从标准正态分布, 计算传输错误的概率.

解 这个问题可能会产生两类传输错误, 第一类是消息 1 被错误地译为 0, 第二类是消息 0 被错误地译为 1, 当发送消息 1 且 $2 + N < 0.5$ 时会产生第一类错误, 而当发送消息 0 且 $-2 + N \geqslant 0.5$ 时会产生第二类错误. 从而,

$$P\{\text{译为 } 0 | \text{ 消息为 } 1\} = P\{2 + N < 0.5\} = P\{N < -1.5\} = 1 - \Phi(1.5) = 0.0668,$$

而

$$P\{\text{译为 } 1 | \text{ 消息为 } 0\} = P\{-2 + N \geqslant 0.5\} = P\{N \geqslant 2.5\} = 1 - \Phi(2.5) = 0.0062.$$

□

性质 5.5.2 (正态分布的可加性) 若 $X_1 \sim N(\mu_1,\sigma_1^2), X_2 \sim N(\mu_2,\sigma_2^2)$, 且相互独立, 则 $X_1+X_2 \sim N(\mu_1+\mu_2,\sigma_1^2+\sigma_2^2)$.

★ 证明 先证明结论对 $\mu_1=\mu_2=0,\sigma_1=1,\sigma_2=\sigma$ 成立. 令 $Y=X_1+X_2$, $X_1 \sim N(0,1)$, $X_2 \sim N(0,\sigma^2)$ 且相互独立, 现需证 $Y \sim N(0,1+\sigma^2)$, 即 Y 的密度函数为

$$f_Y(y)=\frac{1}{\sqrt{2\pi(1+\sigma^2)}}\mathrm{e}^{-\frac{y^2}{2(1+\sigma^2)}}. \tag{5.5.3}$$

为此我们先计算 Y 的分布函数. 由于 X_1,X_2 相互独立, 它们的联合密度函数 $f(x_1,x_2)=f_{X_1}(x_1)f_{X_2}(x_2)$, 所以

$$\begin{aligned}F_Y(y)=P\{Y\leqslant y\}=P\{X_1+X_2\leqslant y\}&=\iint\limits_{x_1+x_2\leqslant y} f(x_1,x_2)\mathrm{d}x_1\mathrm{d}x_2\\&=\int_{-\infty}^{+\infty} f_{X_1}(x_1)\mathrm{d}x_1\int_{-\infty}^{y-x_1} f_{X_2}(x_2)\mathrm{d}x_2,\end{aligned}$$

两边关于 y 求导, 得

$$\begin{aligned}f_Y(y)&=\int_{-\infty}^{+\infty} f_{X_1}(x_1)f_{X_2}(y-x_1)\mathrm{d}x_1\\&=\frac{1}{2\pi\sigma}\int_{-\infty}^{+\infty}\exp\left\{-\frac{1}{2}\left[x_1^2+\frac{(y-x_1)^2}{\sigma^2}\right]\right\}\mathrm{d}x_1,\end{aligned}$$

由于

$$x_1^2+\frac{(y-x_1)^2}{\sigma^2}=\frac{1}{\sigma^2}[(1+\sigma^2)x_1^2-2x_1y+y^2]=\frac{1+\sigma^2}{\sigma^2}\left(x_1-\frac{y}{1+\sigma^2}\right)^2+\frac{y^2}{1+\sigma^2},$$

代入上面 $f_Y(y)$ 的式子, 并令 $t=\dfrac{\sqrt{1+\sigma^2}}{\sigma}\left(x_1-\dfrac{y}{1+\sigma^2}\right)$, 得

$$f_Y(y)=\frac{1}{\sqrt{2\pi(1+\sigma^2)}}\mathrm{e}^{-\frac{y^2}{2(1+\sigma^2)}}\frac{1}{\sqrt{2\pi}}\int_{-\infty}^{+\infty}\mathrm{e}^{-\frac{t^2}{2}}\mathrm{d}t.$$

由于 $\dfrac{1}{\sqrt{2\pi}}\displaystyle\int_{-\infty}^{+\infty}\mathrm{e}^{-\frac{t^2}{2}}\mathrm{d}t=1$, 得到所要的式子 (5.5.3). 进一步, 注意到

$$X_1+X_2=(\mu_1+\mu_2)+\sigma_1\left(\frac{X_1-\mu_1}{\sigma_1}+\frac{X_2-\mu_2}{\sigma_1}\right),$$

根据性质 5.5.1 知

$$\frac{X_1-\mu_1}{\sigma_1}\sim N(0,1),\quad \frac{X_2-\mu_2}{\sigma_1}\sim N\left(0,\frac{\sigma_2^2}{\sigma_1^2}\right),$$

又根据第 4 章例 4.2.3, 它们相互独立. 那么根据前面证明的结论,

$$\frac{X_1-\mu_1}{\sigma_1}+\frac{X_2-\mu_2}{\sigma_1}$$

服从正态分布, 再利用性质 5.5.1 知 X_1+X_2 服从正态分布. 由于

$$E(X_1+X_2)=E(X_1)+E(X_2)=\mu_1+\mu_2,\quad D(X_1+X_2)=D(X_1)+D(X_2)=\sigma_1^2+\sigma_2^2,$$

可知 $X_1+X_2\sim N(\mu_1+\mu_2,\sigma_1^2+\sigma_2^2)$. □

性质 5.5.1 表明正态随机变量的线性函数是正态分布. 性质 5.5.3 表明独立正态随机变量的和也是正态的. 综合这两个性质, 我们得到正态分布的一个很好的性质: 独立正态随机变量的线性组合也服从正态分布.

性质 5.5.3 (独立正态分布的线性组合) 设 $X_1,X_2,\cdots,X_n$ 相互独立, 且 $X_i\sim N(\mu_i,\sigma_i^2)$, a,b_i 为任意实数, $i=1,2,\cdots,n$. 则 $Y=a+\sum\limits_{i=1}^{n}b_iX_i$ 也是正态分布随机变量, 服从 $N\left(a+\sum\limits_{i=1}^{n}b_i\mu_i,\sum\limits_{i=1}^{n}b_i^2\sigma_i^2\right)$.

例 5.5.6 设 $X\sim N(5,8),Y\sim N(2,7)$, 且相互独立, 令 $Z=X-2Y+3$, 求 $P\{Z>2\}$.

解 根据独立正态分布的线性组合性质, Z 也服从正态分布. 根据数学期望和方差的性质,

$$E(Z)=E(X)-2E(Y)+3=5-2\times2+3=4,$$

$$D(Z)=D(X)+(-2)^2D(Y)=8+4\times7=36.$$

这样 $Z\sim N(4,6^2)$. 那么

$$P\{Z>2\}=P\left\{\frac{Z-4}{6}>\frac{2-4}{6}\right\}=1-\Phi(-0.33)=\Phi(0.33)=0.6293.$$

□

例 5.5.7 根据统计数据, 上海市的年降雨量是一个均值为 119.6 cm, 标准差为 21.2 cm 的正态随机变量. 假设每年的降雨量是相互独立的, 求

(1) 未来 2 年上海市年降雨量总和不超过 250 cm 的概率;

(2) 明年降雨量超过后年的概率;

(3) 未来 3 年中至少有 1 年的年降雨量少于 100 cm 的概率.

解　令 X_1, X_2, X_3 依次是未来 3 年的年降雨量.

(1) 由于 $X_1 + X_2 \sim N(119.6 + 119.6, (21.2)^2 + (21.2)^2) = N(239.2, 898.88)$, 所以

$$P\{X_1 + X_2 \leqslant 250\} = P\left\{\frac{X_1 + X_2 - 239.2}{\sqrt{898.88}} \leqslant \frac{250 - 239.2}{\sqrt{898.88}}\right\} = \Phi(0.36) \approx 0.6406;$$

(2) 由于 $X_1 - X_2 \sim N(119.6 - 119.6, (21.2)^2 + (21.2)^2) = N(0, 898.88)$, 所以

$$\begin{aligned} P\{X_1 > X_2\} = P\{X_1 - X_2 > 0\} &= P\left\{\frac{X_1 - X_2}{\sqrt{898.88}} > 0\right\} \\ &= 1 - \Phi(0) \approx 1 - 0.5 = 0.5. \end{aligned}$$

(3) 对任意 $i = 1, 2, 3$,

$$\begin{aligned} P\{X_i \geqslant 100\} &= P\left\{\frac{X_i - 119.6}{21.2} \geqslant \frac{100 - 119.6}{21.2}\right\} \\ &= 1 - \Phi(-0.9245) = \Phi(0.9245) = \text{NORMSDIST}(0.9245) = 0.8224. \end{aligned}$$

二维均匀分布与二维正态分布

这里 NORMSDIST 是 Excel 的正态分布概率计算函数. 那么未来 3 年中至少有 1 年的年降雨量少于 100cm 的概率为

$$\begin{aligned} &1 - P\{X_1 \geqslant 100, X_2 \geqslant 100, X_3 \geqslant 100\} \\ &= 1 - P\{X_1 \geqslant 100\}P\{X_2 \geqslant 100\}P\{X_3 \geqslant 100\} \\ &= 1 - 0.8224^3 = 0.4438. \end{aligned}$$

□

5.6　正态分布生成的分布

本节我们引入几个由正态分布生成的特殊分布, 它们主要在数理统计中有重要应用, 我们主要介绍它们的定义, 分位数和有关性质.

5.6.1　χ^2 分布

定义 5.6.1　若 $Z_1, Z_2, \cdots, Z_n$ 为一列相互独立的标准正态随机变量, 则称随机变量

$$X = Z_1^2 + Z_2^2 + \cdots + Z_n^2 \tag{5.6.1}$$

的概率分布为自由度是 n 的 χ^2 分布或卡方分布, 记为 $X \sim \chi^2(n)$.

利用数学期望和方差的性质, 可通过计算得到 (见习题 33)

$$E(X) = n, \quad D(X) = 2n.$$

另外, χ^2 分布也具有可加性, 即当 $X_1 \sim \chi^2(n_1), X_2 \sim \chi^2(n_2)$ 相互独立时, 则 $X_1 + X_2 \sim \chi^2(n_1 + n_2)$. 因为 $X_1 + X_2$ 可视为 $n_1 + n_2$ 个相互独立的标准正态随机变量的平方和.

定义 5.6.2 若 $X \sim \chi^2(n)$, 则 $\forall \alpha \in (0, 1)$, 如果有

$$P\{X > \chi^2_\alpha(n)\} = \alpha,$$

则称正数 $\chi^2_\alpha(n)$ 为分布 $\chi^2(n)$ 的上侧 α 分位数. 参见图 5.9.

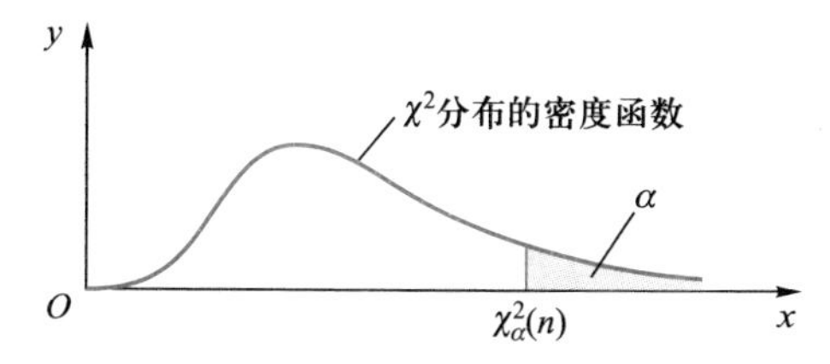

图 5.9 χ^2 分布的概率密度函数和分位数

附表 A2 针对部分 α 和 n 的值列出了 $\chi^2_\alpha(n)$ 的值. 对于一般的参数值, 可以用 Excel 统计函数来计算 χ^2 分布的概率和分位数. Excel 的函数 CHIDIST(x, n) 用于计算 χ^2 分布的右侧概率, 即

$$P\{X > x\} = \text{CHIDIST}(x, n).$$

而 CHIINV(α, n) 用于计算分位数 $\chi^2_\alpha(n)$, 即

$$\chi^2_\alpha(n) = \text{CHIINV}(\alpha, n).$$

χ^2 分布计算 Excel 演示

例 5.6.1 (1) X 为自由度为 26 的 χ^2 随机变量, 计算 $P\{X \leqslant 30\}$;
(2) 求 $\chi^2_{0.05}(15)$.

解 运用 Excel 得 $P\{X \leqslant 30\} = 1 - \text{CHIDIST}(30, 26) = 0.7325$;
运用 Excel (或查表 A2) 得 $\chi^2_{0.05}(15) = \text{CHIINV}(0.05, 15) = 24.996$. □

例 5.6.2 假设需要在 3 维空间定位一个目标, 3 个坐标的误差 (单位: m) 独立地服从 $N(0,2^2)$, 求定位的点与目标距离超过 3 m 的概率.

解 设 D 为距离, 则

$$D^2 = X_1^2 + X_2^2 + X_3^2,$$

其中 X_i 为第 i 个坐标上的误差, $i=1,2,3$. 由于 X_i 独立地服从 $N(0,2^2)$, 则 $X_i/2, i=1,2,3$ 独立地服从 $N(0,1)$, 那么

$$\frac{X_1^2+X_2^2+X_3^2}{4} \sim \chi^2(3),$$

所以

$$P\{D^2>9\} = P\left\{\frac{X_1^2+X_2^2+X_3^2}{4} > \frac{9}{4}\right\} = \text{CHIDIST}\left(\frac{9}{4},3\right) = 0.5222.$$

□

5.6.2 t 分布

定义 5.6.3 设 Z 和 X 相互独立, $Z \sim N(0,1)$, $X \sim \chi^2(n)$, 则称随机变量

$$T_n = \frac{Z}{\sqrt{X/n}}$$

的概率分布为自由度是 n 的 t 分布, 记为 $T_n \sim t(n)$.

图 5.10 画出了 $n=1,5,10$ 时的 t 分布的概率密度函数的图像. 和标准正态分布类似, t 分布的密度函数关于 y 轴对称, 且当 n 越来越大时, 趋近于标准正态分布. 为了理解这一点, 注意到

$$E\left(\frac{X}{n}\right) = 1, \quad D\left(\frac{X}{n}\right) = \frac{2}{n}.$$

根据切比雪夫不等式,

$$P\left\{\left|\frac{X}{n}-1\right| \geqslant \varepsilon\right\} \leqslant \frac{2}{n\varepsilon^2} \to 0, \quad n \to \infty,$$

对足够大的 n, $\dfrac{X}{n}$ 将接近于它的均值 1. 因此, 对足够大的 n, T_n 近似与 Z 同分布. 图 5.11 中为自由度是 5 的 t 分布的密度函数与标准正态分布的密度函数的对比. 根据上述 t 分布关于标准正态分布的渐近性质, 当 n 很大时 (如 $n \geqslant 30$), 可用标准正态分布近似代替 t 分布来计算.

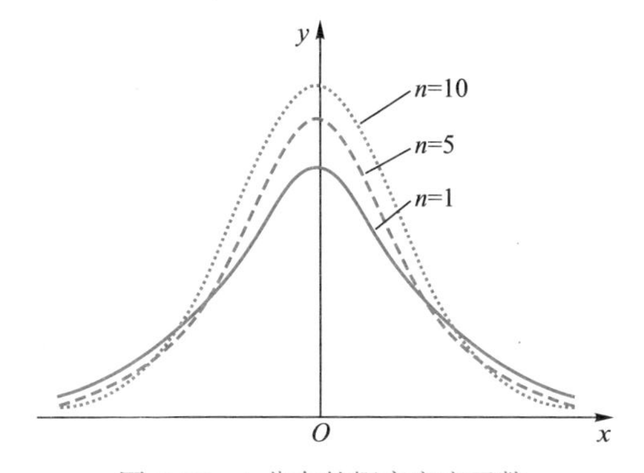

图 5.10 t 分布的概率密度函数

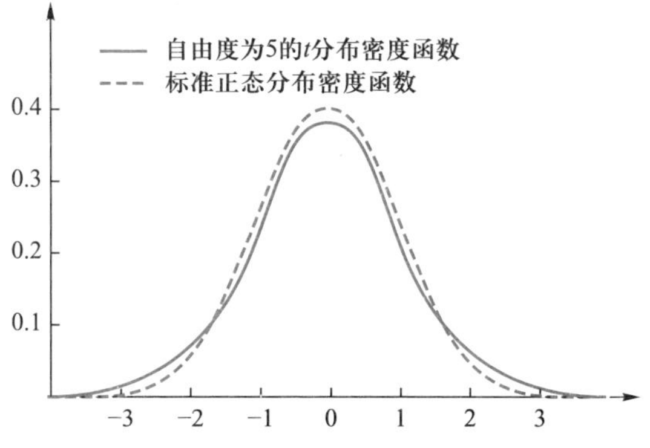

图 5.11 标准正态分布与 $t(5)$ 的密度函数对比

定义 5.6.4 若 $T_n \sim t(n), \forall\alpha \in (0,1)$, 如果

$$P\{T_n > t_\alpha(n)\} = \alpha,$$

则称实数 $t_\alpha(n)$ 为分布 $t(n)$ 的上侧 α 分位数.

t 分布由英国统计学家戈塞特 (Gosset) 于 1908 年以笔名 "Student" 首先发表, 所以也称学生分布. 由 t 分布的密度函数的对称性, 可得

$$t_{1-\alpha}(n) = -t_\alpha(n), \quad \forall\alpha \in (0,1).$$

如图 5.12 所示.

附表 A3 针对部分 α, n 的值列出了 $t_\alpha(n)$ 的值. 对于一般的参数值, 可以用 Excel 统计函数来计算 t 分布的概率和分位数. Excel 的函数 TDIST $(x, n, 1)$ 用于计算 t 分布的右侧概率, TDIST $(x, n, 2)$ 用于计算 t 分布的双侧概率. 也就

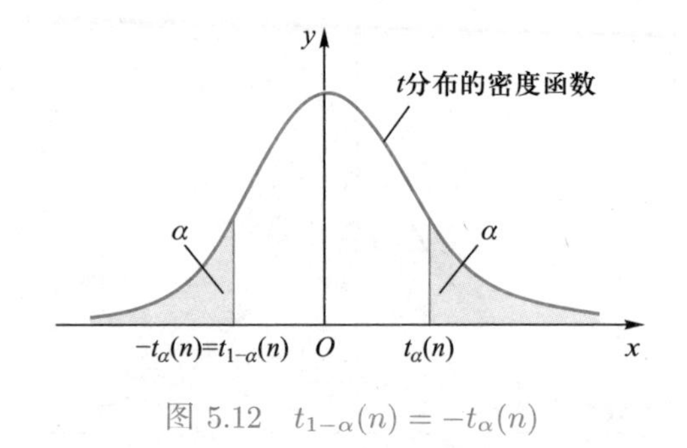

图 5.12 $t_{1-\alpha}(n) = -t_\alpha(n)$

t 分布计算 Excel 演示

是说,

$$P\{T_n > x\} = \text{TDIST}(x, n, 1), \quad P\{|T_n| > x\} = \text{TDIST}(x, n, 2).$$

TINV (α, n) 用于计算 t 分布的双侧分位数. 也就是说,

$$P\{|T_n| > \text{TINV}(\alpha, n)\} = 2\alpha.$$

对于上侧 α 分位数, 使用方法为

$$t_\alpha(n) = \text{TINV}(2\alpha, n).$$

例 5.6.3 (1) 设 $T \sim t(12)$, 求 $P\{T < 1.4\}$; (2) 求 $t_{0.025}(9)$.

解 (1) 运用 Excel 得 $P\{T < 1.4\} = 1 - P\{T > 1.4\} = 1 - \text{TDIST}(1.4, 12, 1) = 1 - 0.0934 = 0.9066$;

(2) 查附表 A3 或运用 Excel 计算得 $t_{0.025}(9) = \text{TINV}(0.05, 9) = 2.262$. □

5.6.3 F 分布

定义 5.6.5 设 $X \sim \chi^2(n)$, $Y \sim \chi^2(m)$, 且 X, Y 相互独立, 则称

$$F_{n,m} = \frac{X/n}{Y/m}$$

服从自由度为 (n, m) 的 F 分布, 记为 $F_{n,m} \sim F(n, m)$, 其中 n 称为分子自由度, m 称为分母自由度.

定义 5.6.6 设 $F_{n,m} \sim F(n, m)$, $\forall \alpha \in (0, 1)$, 若有

$$P\{F_{n,m} > F_\alpha(n, m)\} = \alpha,$$

则称 $F_\alpha(n,m)$ 为分布 $F(n,m)$ 的上侧 α 分位数, 见图 5.13.

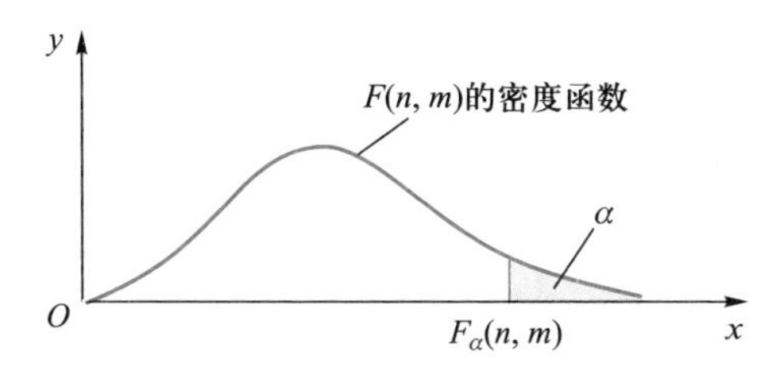

图 5.13 F 分布的概率密度函数和分位数

F 分布的分位数具有下列倒数性质:

$$\frac{1}{F_\alpha(n,m)} = F_{1-\alpha}(m,n). \tag{5.6.2}$$

这是由于

$$\begin{aligned}\alpha &= P\left\{\frac{X/n}{Y/m} > F_\alpha(n,m)\right\}\\ &= P\left\{\frac{Y/m}{X/n} < \frac{1}{F_\alpha(n,m)}\right\}\\ &= 1 - P\left\{\frac{Y/m}{X/n} \geqslant \frac{1}{F_\alpha(n,m)}\right\},\end{aligned}$$

即

$$P\left\{\frac{Y/m}{X/n} \geqslant \frac{1}{F_\alpha(n,m)}\right\} = 1-\alpha.$$

又因为 $\dfrac{Y/m}{X/n}$ 服从自由度为 (m,n) 的 F 分布, 可得 (5.6.2).

F 分布是 1924 年由英国统计学家费希尔 (Fisher) 提出的. 附表 A4 对 $n,m,\alpha \leqslant 0.5$ 的部分取值列出了 $F_\alpha(n,m)$ 的值, 对于 $\alpha > 0.5$, $F_\alpha(n,m)$ 的值可通过 (5.6.2) 式计算. 对于一般的参数值, 可用 Excel 统计函数来计算 F 分布的概率和分位数. Excel 的函数 FDIST (x,n,m) 用于计算 F 分布的右侧概率, 即

F 分布计算 Excel 演示

$$P\{F_{n,m} > x\} = \text{FDIST}(x,n,m).$$

FINV (α,n,m) 用于计算 $F(n,m)$ 的上侧 α 分位数, 即

$$F_\alpha(n,m) = \text{FINV}(\alpha,n,m).$$

例 5.6.4　(1) 设 $F \sim F(6,14)$, 计算 $P\{F \leqslant 1.5\}$; (2) 计算 $F_{0.95}(11,3)$.

解　利用 Excel, 得

(1) $P\{F \leqslant 1.5\} = 1 - P\{F > 1.5\} = 1 - \mathrm{FDIST}(1.5,6,14) = 1 - 0.2485 = 0.7515$;

(2) $F_{0.95}(11,3) = \mathrm{FINV}(0.95,11,3) = 0.2788$.

其中 (2) 的结果也可查表计算. 方法是: 先查附表 A4 得到 $F_{0.05}(3,11) = 3.59$, 然后由 F 分布的倒数性质 (5.6.2) 计算得到 $\dfrac{1}{3.59} = 0.2786$. □

习题

1. 设随机变量 $X \sim B(3,p)$, $Y \sim B(4,p)$, 如果 $P\{X=0\} = \dfrac{1}{8}$, 求 $P\{Y \leqslant 1\}$.

2. 设 X 服从二项分布, 且 $E(X)=7, D(X)=2.1$, 求 $P\{X=4\}$, $P\{X<8\}$ 和 $P\{X>12\}$.

3. 某士兵参加射击训练, 已知该士兵射中十环的概率为 0.7, 则发给其 10 发子弹, 恰好有 7 发射中十环的概率是多少?

4. 某部门一台总机之下有 8 台分机, 各分机是否需要使用外线是相互独立的, 且每台分机每小时平均有 10 min 需要使用外线. 问同一时刻至少有 2 门以上分机需要使用外线的概率为多大?

5. 车间有 10 台同类机床, 每台机床开动时耗电功率为 3 kW (千瓦). 已知每台机床每小时平均有 12 min 用电, 且各台机床用电与否是相互独立的. 问 (1) 该车间最有可能出现几台机床同时用电? (2) 如果只供给 15 kW 电, 该车间 10 台机床能够正常工作的概率为多大?

6. 一卫星系统由 4 个组件构成, 当 4 个组件中至少有 2 个能投入使用, 则该卫星能正常工作, 若每个组件独立地以 0.6 的概率能投入使用, 请问卫星能正常工作的概率为多少?

7. 一通信信道传输数字 0 和 1, 但由于静电的原因数字传输过程有 0.2 的概率误传, 现有一条由二进制数 (即由 0,1) 构成的重要消息需要通过该信道传输, 为减少错误的可能性, 传递时使用 00000 代替 0, 11111 代替 1, 而消息接收端以“少数服从多数”原则进行译码 (所谓少数服从多数, 指: 当接收到如 00010, 则译为 0, 如 10101 则译为 1, 即, 消息中看 0 或 1 出现的次数多的进行译码), 则传输的数字被误译的概率是多少?

8. 如果你买了 50 张彩票, 每张彩票的中奖率为 $\frac{1}{100}$, 则下列事件的概率分别为多少? (1) 至少一张中奖; (2) 恰好一张中奖; (3) 至少 2 张中奖.

9. 设随机变量 X 服从泊松分布, 且 $P\{X=2\}=P\{X=3\}$, 求 $D(X)$ 和 $P\{X>2\}$.

10. 假设某本书每一页中的排版印刷错误服从均值为 1 的泊松分布, 那么在 8 页中印刷错误不超过 3 个的概率是多少?

11. 一电话交换机单位时间内收到的呼叫次数服从泊松分布, 且已知平均每分钟收到 5 次呼叫. 求 (1) 一分钟内恰有 5 次呼叫的概率; (2) 一分钟内呼叫次数大于 5 次的概率.

12. 某商店出售某种商品, 根据历史记录分析, 月销量服从参数为 $\lambda=5$ 的泊松分布. 为了保证本月以 99.9% 的概率不缺货, 则在月初进货时至少要库存多少件该商品?

13. 二进制信道传输信号时每位误传的概率为 $1/10^3$, 请写出传递由 10^3 位构成的消息段有 3 次以上误传的概率的精确表达式, 并使用泊松逼近作近似计算.

14. 一互联网风险投资平台某日有 5000 项小额贷款到期. 假设每项贷款违约率为 0.1%, 问违约数超过 10 项的概率有多大? (提示: 可使用泊松逼近.)

15. 某年中患有感冒的人数服从参数 $\lambda=3$ 的泊松分布, 现有一种神奇的药上市了, 号称对 75% 的人群, 可将上述的泊松分布的参数降到 $\lambda=2$, 对余下的 25% 的人来说该药在治疗感冒上没有明显的效果, 如果某人在一年中试用了这种新药, 而且当年患有感冒, 请问该药对他有效的概率为多少?

16. 某一乘客 10:00 到达一车站, 得知要乘坐的公共汽车到站的时刻服从 10:00 到 10:30 之间的均匀分布, 则他平均等待时间是多少? 等待时间超过 10 min 的概率是多少? 若汽车在 10:15 还没有到站, 则他还需要至少等 10 min 的概率为多少?

17. 设 k 在 $(0,5)$ 上服从均匀分布, 求方程 $4x^2+4kx+k+2=0$ 有实根的概率.

18. 设随机变量 X 服从区间 (2,5) 上的均匀分布. 现对 X 的取值进行 4 次独立观测, 求其中至少有两次观测值大于 3 的概率.

19. 修理一台机器所需时间服从均值为 3 h 的指数分布.

(1) 修理时间超过 3 h 的概率为多少?

(2) 在修理时间已经超过 2 h 的条件下, 修理时间超过 3 h 的概率为多少?

20. 假设一辆汽车在其电池耗尽之前行驶里程服从均值为 20000 km 的指数分布. 若该汽车要进行一次 5000 km 的旅行, 但电池已使用了一段时间, 请问它在不需要更换电池的情况下能完成旅行的概率为多少? 如果分布是 $[0, 40000]$上的均匀分布, 情况又如何呢?

21. 设随机变量 $X \sim N(0,1)$, 计算

(1) $P\{X \leqslant 2.35\}$; (2) $P\{X \leqslant -2.35\}$; (3) $P\{X \geqslant 2.35\}$; (4) $P\{|X| < 2.35\}$.

22. 设随机变量 $X \sim N(-1,16)$,

(1) 求 $P\{X > -1.5\}, P\{-5 < X \leqslant 1\}, P\{|X| < 1\}$ 以及 $P\{|X+1| \geqslant 2\}$;

(2) 求常数 c, 使 $P\{X \geqslant c\} = P\{X \leqslant c\}$.

23. 一次大面积数学考试的平均成绩为 75 分, 并假设考试成绩服从正态分布. 若要求不及格率不超过 10%, 那么考试成绩的标准差应控制为多大?

24. 在一次智商测试中, 测试的分数服从均值为 100, 标准差为 14.2 的正态分布, 分数最高的 1% 的范围是什么?

25. 设一次高中生的能力测试中数学考试成绩服从均值为 500, 标准差为 100 的正态分布, 现随机抽取 5 位学生, 计算如下事件的概率:

(1) 分数全部低于 600;

(2) 恰有 3 位学生成绩在 640 以上.

26. 某一产品每周的需求量大约服从均值为 1000, 标准差为 200 的正态分布, 设目前库存为 2200, 且在接下来的 2 周内没有 (额外的) 订单需要交付, 假设各周的需求量是相互独立的.

(1) 接下来的 2 周内每周的需求都少于 1100 的概率是多少?

(2) 接下来的 2 周总需求量超过 2200 的概率为多少?

27. 一工厂生产一批瓶子, 若直径在 1.19 和 1.21 英寸 (1 英寸= 2.54 cm) 之间都是合格的, 该工厂的生产工艺使得生产出来的瓶子直径服从均值为 1.20 英

寸, 标准差为 0.005 英寸的正态分布, 请问瓶子的合格率为多少?

28. 投保人在购买车险后一年内的理赔次数服从泊松分布, 而两次理赔的间隔时间服从指数分布. 经评估, 某投保人一年内理赔次数的均值为 2.6,

(1) 一年内该投保人最有可能发生几次理赔?

(2) 如果该投保人 8 月份有一次理赔发生, 在剩下的 4 个月里再次发生理赔的概率有多大?

(3) 如果每次理赔金额 (单位: 元) 服从正态分布 $N(2000, 500^2)$, 那么从长期来看, 一年保费至少定为多少才可以使得保险公司不至于亏损?

29. (1) 证明 $I = \int_{-\infty}^{+\infty} \mathrm{e}^{-r^2/2}\mathrm{d}r = \sqrt{2\pi}$. (提示: 使用下式

$$I^2 = \int_{-\infty}^{+\infty} \mathrm{e}^{-\frac{x^2}{2}}\mathrm{d}x \int_{-\infty}^{+\infty} \mathrm{e}^{-\frac{y^2}{2}}\mathrm{d}y = \int_{-\infty}^{+\infty}\int_{-\infty}^{+\infty} \mathrm{e}^{-\frac{x^2+y^2}{2}}\mathrm{d}x\mathrm{d}y,$$

令 $\begin{cases} x = r\cos\theta \\ y = r\sin\theta \end{cases}$, $\mathrm{d}x\mathrm{d}y = r\mathrm{d}r\mathrm{d}\theta$. 通过极坐标变换求最后的重积分.)

(2) 证明对任意 μ, σ,

$$\frac{1}{\sqrt{2\pi}\sigma}\int_{-\infty}^{+\infty} \mathrm{e}^{-\frac{(x-\mu)^2}{2\sigma^2}}\mathrm{d}x = 1.$$

30. 若 $\ln X$ 服从正态分布, 称随机变量 X 服从对数正态分布. 假设 X 服从对数正态分布, 且 $E(\ln X) = \mu, D(\ln X) = \sigma^2$, 求 X 的分布函数.

31. 我国成年女性的身高服从均值为 157.5 cm, 标准差为 5 cm 的正态分布, 随机选取一位, 请计算下列事件的概率:

(1) 身高低于 150 cm;

(2) 身高低于 160 cm;

(3) 身高在 150 与 160 cm 之间;

(4) 某女士的身高为 172 cm, 则比她矮的女性的比率为多少?

(5) 随机选取两位, 则她们的平均身高超过 163 cm 的概率为多少?

(6) 对随机选取的 4 位女性, 再计算 (5).

32. 若 X 服从自由度为 6 的 χ^2 分布, 求

(1) $P\{X \leqslant 6\}$;

(2) $P\{3 \leqslant X \leqslant 9\}$.

33. 设 $X \sim \chi^2(n)$, 试证明 $E(X) = n, D(X) = 2n$.

34. 已知 $X_1, \cdots, X_5$ 相互独立且均服从方差为 4 的正态分布. 令

$$Y = a(X_1 + X_2 - 2X_3)^2 + b(X_4 - X_5)^2.$$

求 a, b 分别取何值时, Y 服从卡方分布?

35. 已知 $X_1, \cdots, X_{10}$ 相互独立且均服从正态分布 $N(0, 3^2)$, 求 λ 的值, 使得 $P\left\{\sum_{i=1}^{10} X_i^2 > \lambda\right\} = 0.05$.

36. 若 X 和 Y 分别服从自由度为 3 和 6 的 χ^2 分布, 且相互独立, 求 $X+Y$ 超过 10 的概率.

37. 若 T 服从自由度为 8 的 t 分布, 计算: (1) $P\{T \geqslant 1\}$, (2) $P\{T \leqslant 2\}$, (3) $P\{|T| < 1\}$.

38. 若 T_n 服从自由度为 n 的 t 分布, 证明: T_n^2 服从自由度为 1 和 n 的 F 分布.

39. 设 $X_1, \cdots, X_{10}$ 相互独立且均服从正态分布 $N(0, \sigma^2)$, 问下列随机变量分别服从什么分布?

$$Y = \frac{3X_{10}}{\sqrt{\sum_{i=1}^{9} X_i^2}}, \quad Z = \frac{4(X_1^2 + X_2^2)}{\sum_{i=3}^{10} X_i^2}.$$

第 5 章补充
例题与习题

第 6 章 统计量的分布

6.1 随机样本

从本章开始我们进入数理统计学或推断统计学的内容. 我们把全体研究对象称为总体, 它代表一大批数据. 通过从总体中作适当的抽样, 得到的一部分个体称为样本, 然后通过分析样本得到关于总体的结论. 在数理统计学中, 总体的数学模型是一个随机变量或者概率分布. 由于抽样的不确定性, 样本被视为一组随机变量. 进一步, 因为样本中的每个个体都带有总体的信息, 所以被假设为与总体同分布的随机变量.

例 6.1.1　设盒中有 N 个外形大小一样的球, 其中有 M 个白球, 其余为红球. 令

$$X = \begin{cases} 1, & \text{随机取 1 球为白球}, \\ 0, & \text{随机取 1 球为红球}, \end{cases}$$

那么总体 X 服从伯努利分布, 且 $P\{X=1\} = \dfrac{M}{N}$. 充分混合后, 依次取 n 个球 (样本), 令

$$X_i = \begin{cases} 1, & \text{第 } i \text{ 球为白球}, \\ 0, & \text{第 } i \text{ 球为红球}. \end{cases}$$

(1) 放回抽样　每次随机取一球, 取后放回, 再取下一球. 显然此时 $X_i, i = 1, \cdots, n$ 相互独立, 且与 X 同分布.

(2) 不放回抽样　每次随机取一球, 取后不放回, 再取下一球. 显然 X_1 与 X 同分布. 根据全概率公式,

$$
\begin{aligned}
P\{X_2=1\} &= P\{X_1=1\}P\{X_2=1|X_1=1\}+P\{X_1=0\}P\{X_2=1|X_1=0\} \\
&= \frac{M}{N}\cdot\frac{M-1}{N-1}+\frac{N-M}{N}\cdot\frac{M}{N-1}=\frac{M}{N}.
\end{aligned}
$$

所以 X_2 也与 X 同分布. 但由

$$
\begin{aligned}
P\{X_1=1,X_2=1\} &= P\{X_1=1\}P\{X_2=1|X_1=1\} \\
&= \frac{M}{N}\cdot\frac{M-1}{N-1}\neq\left(\frac{M}{N}\right)^2=P\{X_1=1\}P\{X_2=1\},
\end{aligned}
$$

知 X_1 与 X_2 不相互独立. 但同时可以看出, 当 M 远大于 1 时, X_1 与 X_2 近似独立. 以此类推, 可以证明 $X_i, i=1,\cdots,n$ 与 X 同分布, 且当 M 远大于 n 时, $X_i, i=1,\cdots,n$ 近似独立. □

在实际问题的抽样中, 绝大多数采用不放回抽样, 但由于总体数据量往往远大于样本数据量, 我们仍可以假设样本是独立同分布的.

定义 6.1.1　若 $X_1,\cdots,X_n$ 是独立随机变量, 且与总体随机变量 X 具有相同的分布 P, 则称它们构成来自总体 X 或分布 P 的一组随机样本, 简称样本, n 称为样本容量. 样本的数据值 $x_1,\cdots,x_n$ 称为样本观测值.

本章我们将讨论统计量的概率分布. 这里统计量指不含未知参数的随机变量, 其取值完全由样本数据确定. 统计量汇总了样本的特征, 更容易进行分析和计算. 两个最重要的统计量是样本均值和样本方差.

定义 6.1.2　令 $X_1,\cdots,X_n$ 为一组样本. 样本均值定义为

$$
\overline{X}=\frac{1}{n}\sum_{i=1}^{n}X_i, \tag{6.1.1}
$$

样本方差定义为

$$
S^2=\frac{1}{n-1}\sum_{i=1}^{n}(X_i-\overline{X})^2, \tag{6.1.2}
$$

而 $S=\sqrt{S^2}$ 称为样本标准差.

在第 2 章我们曾经定义了样本均值和样本方差, 其公式与上述 (6.1.1) 和 (6.1.2) 相同. 不同之处在于, 第 2 章的样本指的是数据, 这样样本均值和样本方

差也是数值; 而这里的样本是随机变量, 从而样本均值和样本方差也是随机变量. 当样本取得观测数据以后, 上述定义与第 2 章的定义是完全一致的.

6.2 正态总体统计量的分布

总体的正态性假设是很多统计推断的前提. 一方面, 现实世界的很多数据都近似服从正态分布 (我们将在 6.4 节揭示其原因); 另一方面, 在正态总体假设下, 常用统计量的精确分布是可以推导出来的.

设 $X_1,\cdots,X_n$ 是来自正态总体 $N(\mu,\sigma^2)$ 的一组随机样本. 也就是说, 它们是相互独立的, 且 $X_i\sim N(\mu,\sigma^2),i=1,\cdots,n$. 根据正态分布的性质, 独立正态随机变量的线性组合仍然服从正态分布, 所以样本均值 $\overline{X}$ 也服从正态分布, 它的数学期望

$$E(\overline{X})=\frac{1}{n}\sum_{i=1}^{n}E(X_i)=\mu,$$

方差

$$D(\overline{X})=\frac{1}{n^2}\sum_{i=1}^{n}D(X_i)=\frac{\sigma^2}{n},$$

这样

$$\overline{X}\sim N\left(\mu,\frac{\sigma^2}{n}\right),\quad \text{或等价地,}\quad \frac{\overline{X}-\mu}{\sigma/\sqrt{n}}\sim N(0,1). \tag{6.2.1}$$

也就是说, 样本均值 $\overline{X}$ 服从正态分布, 且与总体有相同的均值, 而它的方差缩减到总体方差的 $1/n$. 图 6.1 为不同样本容量下样本均值的概率密度函数, 这组样本来自标准正态总体.

例 6.2.1 从正态总体 $N(\mu,36)$ 中抽取容量为 n 的随机样本, 如果要求至少有 90% 的把握使得其样本均值与总体均值的偏差不超过 1, 问样本容量 n 至少应取多大?

解 设样本为 $X_1,\cdots,X_n$, 那么样本均值 $\overline{X}\sim N\left(\mu,\dfrac{36}{n}\right)$. 由

$$P\{|\overline{X}-\mu|\leqslant 1\}=P\left\{\frac{|\overline{X}-\mu|}{6/\sqrt{n}}\leqslant\frac{1}{6/\sqrt{n}}\right\}=2\varPhi\left(\frac{1}{6/\sqrt{n}}\right)-1\geqslant 0.9,$$

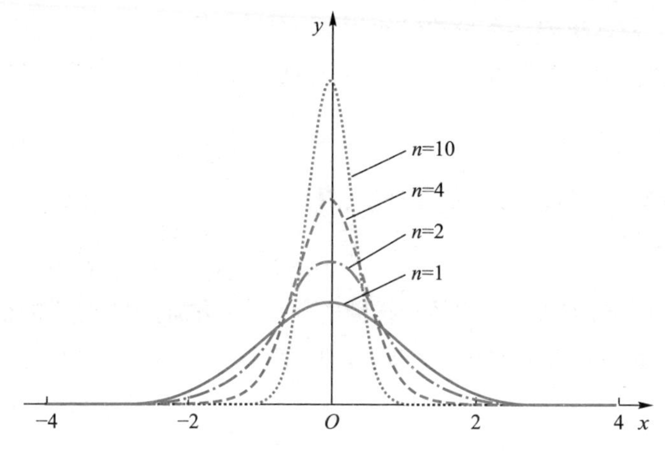

图 6.1　来自标准正态总体的样本均值的概率密度函数

即

$$\Phi\left(\frac{1}{6/\sqrt{n}}\right) \geqslant 0.95,$$

可知

$$\frac{1}{6/\sqrt{n}} \geqslant z_{0.05} = 1.645,$$

从而 $n \geqslant 97.41$, 即 n 至少应取 98. □

例 6.2.2　设 $X_1, X_2, \cdots, X_6$ 为从正态总体 $N(0,9)$ 中抽取的简单随机样本, 求系数 a, b, c 使得统计量

$$Y = aX_1^2 + b(X_2+X_3)^2 + c(X_4+X_5+X_6)^2$$

服从卡方分布, 并求其自由度.

解　由于 $X_1, X_2, \cdots, X_6$ 相互独立, 且服从同一分布 $N(0,9)$, 那么 $X_1 \sim N(0,9), X_2+X_3 \sim N(0,18), X_4+X_5+X_6 \sim N(0,27)$. 这样

$$\frac{X_1}{3}, \frac{X_2+X_3}{\sqrt{18}}, \frac{X_4+X_5+X_6}{\sqrt{27}}$$

相互独立, 且服从同一分布 $N(0,1)$. 从而

$$\frac{X_1^2}{9}, \frac{(X_2+X_3)^2}{18}, \frac{(X_4+X_5+X_6)^2}{27}$$

相互独立, 且服从同一分布 $\chi^2(1)$. 所以当

$$a=\frac{1}{9},\quad b=\frac{1}{18},\quad c=\frac{1}{27}$$

时, $Y\sim\chi^2(3)$. □

接下来我们来分析样本方差 S^2 的概率分布. 首先, 不难证明

$$\sum_{i=1}^{n}(X_i-\overline{X})^2=\sum_{i=1}^{n}[(X_i-\mu)-(\overline{X}-\mu)]^2=\sum_{i=1}^{n}(X_i-\mu)^2-n(\overline{X}-\mu)^2,$$

从而我们有

$$\frac{\sum\limits_{i=1}^{n}(X_i-\mu)^2}{\sigma^2}=\frac{\sum\limits_{i=1}^{n}(X_i-\overline{X})^2}{\sigma^2}+\frac{n(\overline{X}-\mu)^2}{\sigma^2},$$

或者等价地,

$$\sum_{i=1}^{n}\left(\frac{X_i-\mu}{\sigma}\right)^2=\frac{\sum\limits_{i=1}^{n}(X_i-\overline{X})^2}{\sigma^2}+\left(\frac{\overline{X}-\mu}{\sigma/\sqrt{n}}\right)^2. \tag{6.2.2}$$

因为 $\dfrac{X_i-\mu}{\sigma}, i=1,\cdots,n$ 是相互独立的标准正态变量, 等式 (6.2.2) 的左边是一个自由度为 n 的卡方随机变量. 同时由 (6.2.1) 知 $\dfrac{\overline{X}-\mu}{\sigma\sqrt{n}}$ 是一个标准正态随机变量. 它的平方是一个自由度为 1 的卡方随机变量. 等式 (6.2.2) 揭示了一个自由度为 n 的卡方随机变量可以表示为两个随机变量的和, 其中一个是自由度为 1 的卡方随机变量. 根据卡方分布的可加性, 相互独立的卡方随机变量的和还是一个卡方随机变量, 且和的自由度为各项自由度的和. 所以我们可以合理地推测等式 (6.2.2) 右边两部分是相互独立的, 且 $\sum\limits_{i=1}^{n}(X_i-\overline{X})^2/\sigma^2$ 服从自由度为 $n-1$ 的卡方分布. 综上所述, 我们可以得到以下重要结果.

定理 6.2.1 (正态总体的抽样定理) 若 $X_1,\cdots,X_n$ 是从正态总体 $N(\mu,\sigma^2)$ 中抽取的一组随机样本, 则有如下重要结论

(1) $\dfrac{\overline{X}-\mu}{\sigma/\sqrt{n}}\sim N(0,1)$;

(2) $\dfrac{(n-1)S^2}{\sigma^2}\sim\chi^2(n-1)$;

(3) $\overline{X}$ 与 S^2 是相互独立的. □

定理 6.2.1 的严格证明

当正态总体方差 σ^2 未知时, $\dfrac{\overline{X}-\mu}{\sigma/\sqrt{n}}$ 不是一个统计量. 这时, 我们常常用统计量 $\dfrac{\overline{X}-\mu}{S/\sqrt{n}}$ 代替. 有所不同的是, 后者不再服从标准正态分布, 而是一个自由度为 $n-1$ 的 t 分布. 这个结果由如下推论表述.

推论 6.2.1　设 $X_1,\cdots,X_n$ 是从正态总体 $N(\mu,\sigma^2)$ 中抽取的一组随机样本, 则

$$\frac{\overline{X}-\mu}{S/\sqrt{n}}\sim t(n-1). \tag{6.2.3}$$

证明　令 $Z=\dfrac{\overline{X}-\mu}{\sigma/\sqrt{n}}, Y=\dfrac{(n-1)S^2}{\sigma^2}$, 那么

$$\frac{\overline{X}-\mu}{S/\sqrt{n}}=\frac{Z}{\sqrt{Y/(n-1)}}.$$

根据定理 6.2.1 和 t 分布的定义得证. □

定理 6.2.1 及推论 6.2.1 是正态总体抽样理论的基础, 它不仅给出了 $\overline{X}$ 与 S^2 的分布, 还说明了它们是相互独立的. 它们将会在第 7 章和第 8 章被频繁地使用.

例 6.2.3　计算机的中央处理器处理一类特定任务所花的时间服从均值为 20 s, 标准差为 3 s 的正态分布. 如果观察了 15 次处理过程, 那么样本方差大于 12 的概率是多少?

解　由于样本容量 $n=15$, 且 $\sigma^2=3^2=9$, 从而

$$\begin{aligned}P\{S^2>12\}&=P\left\{\frac{14S^2}{9}>18.67\right\}\\&=\text{CHIDIST}(18.67,14)=0.1779.\end{aligned}$$

这里 CHIDIST 是 EXCEL 中卡方分布的上侧概率计算函数. □

遗憾的是, 当总体不服从正态分布时, 上述这一系列结果都不能成立. 幸运的是, 概率论中发展出两类伟大的极限定理: 一类是由伯努利等人建立的大数定律, 另一类是由拉普拉斯等人建立的中心极限定理, 它们为数理统计学奠定了坚实的理论基础. 我们将在接下来的两节中初步介绍.

6.3 大数定律与随机模拟

6.3.1 辛钦大数定律和伯努利大数定律

本节我们介绍两个大数定律. 它们将回答概率统计中的两个基本问题:

(1) 若从均值为 μ 的总体中取一组容量为 n 的样本, 那么样本均值 $\overline{X}$ 与总体均值 μ 有什么关系?

(2) 在随机试验中, 一个事件发生的频率与其概率有什么关系?

定理 6.3.1 (辛钦 (Khinchin) 大数定律) 令 $X_1, X_2, \cdots$ 为一列独立同分布的随机变量 (无论是什么分布), 且其期望 $E(X_i)=\mu$, 方差 $D(X_i)=\sigma^2$, 则对于任意 $\varepsilon>0$,

$$\lim_{n\to\infty} P\left\{\left|\frac{1}{n}\sum_{i=1}^{n} X_i-\mu\right|>\varepsilon\right\}=0.$$

证明 记

$$\overline{X}=\frac{1}{n}\sum_{i=1}^{n} X_i,$$

根据数学期望的性质,

$$\begin{aligned}E(\overline{X})&=E\left(\frac{1}{n}\sum_{i=1}^{n} X_i\right)\\&=\frac{1}{n}[E(X_1)+\cdots+E(X_n)]=\mu.\end{aligned}$$

由于 $X_1,\cdots,X_n$ 相互独立, 根据方差的性质,

$$\begin{aligned}D(\overline{X})&=D\left(\frac{1}{n}\sum_{i=1}^{n} X_i\right)\\&=\frac{1}{n^2}[D(X_1)+\cdots+D(X_n)]\\&=\frac{n\sigma^2}{n^2}=\frac{\sigma^2}{n},\end{aligned}$$

再由切比雪夫不等式得

$$P\{|\overline{X}-\mu|>\varepsilon\}\leqslant\frac{\sigma^2}{n\varepsilon^2},$$

从而得证. □

定理 6.3.2 (伯努利 (Bernoulli) 大数定律) **设在 n 次独立重复试验中, 事件 A 发生了 n_A 次, 那么对于任意 $\varepsilon > 0$,**

$$\lim_{n\to\infty} P\left\{\left|\frac{n_A}{n} - P(A)\right| > \varepsilon\right\} = 0.$$

证明 令

$$X_i = \begin{cases} 1, & \text{第 } i \text{ 次试验 } A \text{ 发生}, \\ 0, & \text{否则}, \end{cases}$$

从而 $n_A = \sum_{i=1}^{n} X_i$. 由于 $E(X_i) = P(A)$, 从而由定理 6.3.1 得证. □

伯努利大数定律揭示了概率的实际意义: 当试验次数足够多时, 事件发生的频率将趋近于它发生的概率值. 而辛钦大数定律告诉我们: 当样本容量足够大时, 样本均值 $\overline{X}$ 趋近于总体均值 μ.

自然联想到的一个问题是: 当样本容量足够大时, 样本方差 S^2 是否趋近于总体方差 σ^2 呢? 答案是肯定的. 注意到

$$S^2 = \frac{1}{n-1}\sum_{i=1}^{n}(X_i - \overline{X})^2 = \frac{n}{n-1}\left(\frac{1}{n}\sum_{i=1}^{n} X_i^2 - \overline{X}^2\right),$$

由于 $E(X_i^2) = \mu^2 + \sigma^2$, 根据辛钦大数定律, 括号内第一项会趋近于 $\mu^2 + \sigma^2$, 第二项则会趋近于 μ^2, 所以当 n 足够大时, 样本方差 S^2 也会趋近于总体方差 σ^2.

6.3.2 蒙特卡罗模拟

大数定律在计算机科学中的一个重要应用是随机模拟, 也称蒙特卡罗 (Monte Carlo) 算法. 回忆第 3 章中, 当我们求连续型随机变量函数的数学期望或概率时, 可能会涉及复杂的积分问题. 如

$$E[g(X)] = \int_{-\infty}^{+\infty} g(x)f(x)\mathrm{d}x,$$

其中 $f(x)$ 是随机变量 X 的概率密度函数. 而蒙特卡罗算法通过产生 X 的大量样本数据 $x_1, x_2, \cdots, x_N$, 计算得到 $g(X)$ 的样本数据 $g(x_1), g(x_2), \cdots, g(x_N)$, 再求其样本均值作为 $E[g(X)]$ 的近似, 即

$$E[g(X)] \approx \frac{1}{N}\sum_{i=1}^{N} g(x_i).$$

这一算法不需要繁杂的积分技巧. 辛钦大数定律告诉我们: 只要 N 足够大, 就可以保证计算精度. 进而, 利用蒙特卡罗算法还可以帮助我们近似计算普通的积分.

例 6.3.1 用蒙特卡罗算法计算积分

$$I=\int_0^1 \sqrt{1-\sin(x^2)}\mathrm{d}x.$$

解 这个积分是没有解析解的. 我们来设计一个蒙特卡罗算法求近似解. 事实上,

$$I=E[\sqrt{1-\sin(X^2)}],$$

例 6.3.1
Excel 演示

这里 X 是 $(0,1)$ 上的均匀分布随机变量. 现在我们用 Excel 函数 RAND () 产生 $N(=1000)$ 个 $(0,1)$ 上的均匀分布随机数, 记为 $x_1,\cdots,x_N$, 并令

$$y_i=\sqrt{1-\sin(x_i^2)},\quad i=1,\cdots,N.$$

根据辛钦大数定律, 计算得样本均值 $\bar{y}=0.81$ 作为积分的近似值. 注意, 由于随机模拟是通过样本来计算的, 每次计算的结果会稍有不同. N 越大, 计算精度越高. 事实上, 这个积分的高精度解为 0.8116. □

例 6.3.2 设 X 服从自由度为 2 的卡方分布, 用蒙特卡罗算法计算 $P\{X>2\}$.

例 6.3.2
Excel 演示

解 根据卡方分布的定义, 存在两个独立的标准正态分布随机变量 Z_1,Z_2, 使得 $X=Z_1^2+Z_2^2$. 现在我们用 Excel 函数 NORMSINV(RAND()) 产生 $N(=1000)$ 行 2 列标准正态分布随机数, 第 1 列为 Z_1 的随机数, 第 2 列为 Z_2 的随机数, 在第 3 列计算同行前两列数的平方和, 则为 X 的样本. 若第 3 列大于 2, 第 4 列记 1, 否则记 0. 第 4 列的和除以 1000 得到样本大于 2 的频率. 根据伯努利大数定律, 这个值应接近于准确值 CHIDIST(2,2)=0.3679. □

6.4 中心极限定理

6.4.1 独立随机变量和的蒙特卡罗模拟

若总体为正态分布 (或二项分布、泊松分布), $X_1, X_2, \cdots, X_n$ 为来自该总体的样本, 根据第 5 章介绍的这些分布的可加性知, $X_1 + X_2 + \cdots + X_n$ 也是正态分布 (相应地, 二项分布、泊松分布). 但是, 如果总体为均匀分布或指数分布时, 其样本的和还能保持总体的分布类型吗? 下面我们将用蒙特卡罗方法发现一个令人惊奇的结果.

例 6.4.1 用蒙特卡罗方法探讨下列问题:

(1) 2 个独立的 (0,1) 区间上均匀分布随机变量的和服从什么分布?

(2) 20 个独立的 (0,1) 区间上均匀分布随机变量的和服从什么分布?

用蒙特卡罗方法演示中心极限定理

解 用 Excel 函数 RAND() 生成 1000×2 个随机数, 每列 1000 个数代表一个 (0,1) 区间上均匀分布随机变量的样本观测值, 共 2 列. 按行求和得第 3 列, 代表两个独立随机变量和的样本观测值. 将第 3 列按大小等距分为 10 组, 画数据直方图得图 6.2. 显然, 它不再是一个均匀分布. 进一步, 用 Excel 函数 RAND() 生成 1000×20 个随机数, 每列 1000 个数代表一个 (0,1) 区间上均匀分布随机变量的样本观测值, 共 20 列. 按行求和得第 21 列, 代表 20 个独立随机变量和的样本观测值. 将第 21 列按大小等距分为 20 组, 画数据直方图得图 6.3. 当然, 它也不是一个均匀分布. 有趣的是, 这时的直方图呈现钟形曲线形状, 竟然形同正态分布. □

上述例子揭示的现象是概率论中最非凡的结论之一: 中心极限定理. 粗略地讲, 它表明大量独立随机变量的和近似服从正态分布. 因此, 它不仅提供了一种简单方法来计算独立随机变量 (无论它是什么分布) 和的近似概率, 还解释了一个重要事实: 如果一个物理量是由许多微小的独立随机因素的作用叠加而形成的结果, 那么就可以认为这个量近似服从正态分布.

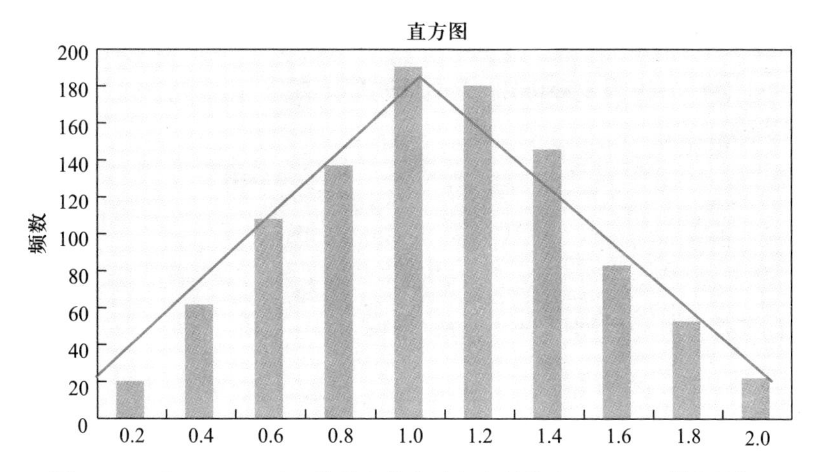

图 6.2 2 个 (0,1) 上独立的均匀分布随机变量的和 (1000 组样本数据)

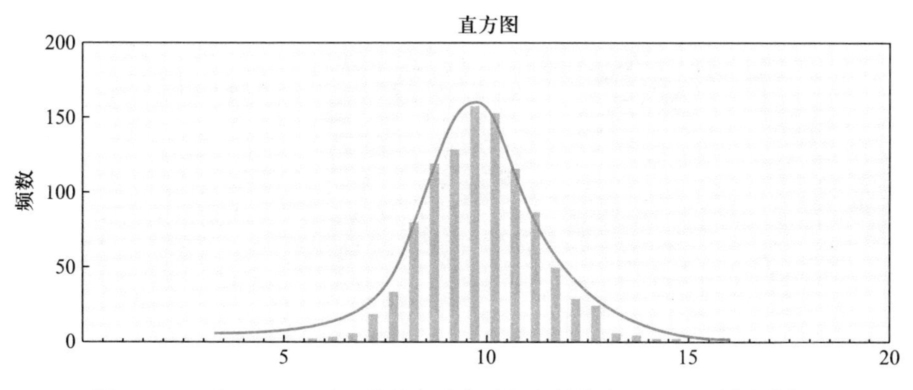

图 6.3 20 个 (0,1) 上独立的均匀分布随机变量的和 (1000 组样本数据)

6.4.2 两个中心极限定理

定理 6.4.1 (列维 – 林德伯格 (Lévy-Lindburg) 中心极限定理) **设 $X_1, X_2, \cdots, X_n$ 为独立同分布的随机变量序列 (无论它是什么分布), 并具有均值 μ 和方差 σ^2, 则**

$$\lim_{n\to\infty} P\left\{\frac{\sum\limits_{i=1}^{n} X_i - n\mu}{\sqrt{n}\sigma} < x\right\} = \Phi(x), \quad \forall -\infty < x < +\infty,$$

其中 $\Phi(x)$ 是标准正态分布的分布函数.

根据上述中心极限定理可知, 无论总体是什么分布, 对充分大的样本容量 n, 其样本的规范化和

$$\frac{\sum_{i=1}^{n} X_i - n\mu}{\sqrt{n}\sigma}$$

是近似标准正态分布的随机变量. 等价地说, 样本之和

$$X_1 + \cdots + X_n$$

近似服从正态分布 $N(n\mu, n\sigma^2)$.

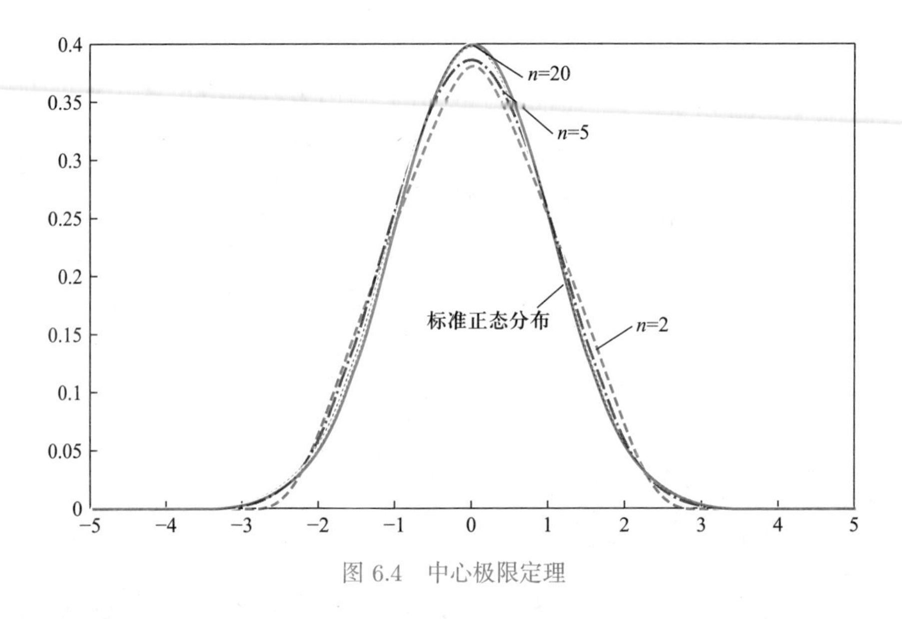

图 6.4　中心极限定理

中心极限定理带来一个问题: 样本容量 n 多大时才能较精确地逼近正态分布呢? 答案取决于总体的分布. 例如, 若总体是正态分布, 则无论样本容量大小, 样本的和总是服从正态分布. 一般的经验法则是, 当 $n \geqslant 30$, $X_1 + \cdots + X_n$ 能够近似地服从正态分布. 就是说, 无论总体的分布是什么, 在实际应用中, 当样本容量达到 30 以上时, 样本的和就可以近似当做正态分布. 很多情况下, 正态近似可用于更小的样本. 图 6.4 显示了当样本容量分别为 $n = 2, 5, 20$ 时, 蒙特卡

罗算法得到的规范化和

$$\frac{\sum_{i=1}^{n} X_i - n\mu}{\sqrt{n}\sigma}$$

的相对频数曲线图, 其中每个 X_i 都是 (0,1) 区间上均匀分布的随机变量. 图 6.4 中实线是标准正态分布的概率密度函数, 虚线为均匀分布的规范化和的概率密度函数. 共 10 万组样本数据. 可以看出, $n=20$ 时已经很接近标准正态分布.

例 6.4.2　将 108 个数字舍入到最近的整数, 然后求和. 假设每个数的舍入误差服从 $(-0.5, 0.5)$ 上的均匀分布, 求其总和的计算值与精确值的绝对偏差大于 3 的概率.

解　设 108 个数的误差分别为 $X_1, X_2, \cdots, X_{108}$, 则 X_i 服从 $(-0.5, 0.5)$ 上的均匀分布, 且相互独立. 由于 $E(X_i) = 0, D(X_i) = \frac{1}{12}$, 根据中心极限定理 ($n = 108$ 足够大), 近似地有

$$\sum_{i=1}^{108} X_i \sim N\left(0, \frac{108}{12}\right) = N(0, 3^2),$$

这样

$$P\left\{\left|\sum_{i=1}^{108} X_i\right| > 3\right\} = P\left\{\frac{\left|\sum_{i=1}^{108} X_i\right|}{3} > 1\right\} = 2[1 - \Phi(1)] = 0.3173.$$

□

例 6.4.3　土木工程师认为, 某桥梁能承受的而不造成结构损伤的总重量 W (单位: t) 是服从正态分布的, 其均值为 1000, 标准差为 100. 假设一辆车重量 (单位: t) 的均值为 10, 标准差为 3, 但它不一定是正态分布随机变量. 如果有 100 辆车在桥上, 该桥产生结构损伤的概率有多大? 又问, 要使得该桥梁产生结构损伤的概率不超过 0.1, 桥上最多允许承载多少辆车?

解　设 P_n 为当 n 辆车在桥上时, 桥发生结构损伤的概率, 则有

$$\begin{aligned} P_n &= P\{X_1 + \cdots + X_n \geqslant W\} \\ &= P\{X_1 + \cdots + X_n - W \geqslant 0\}, \end{aligned}$$

其中 X_i 为第 i 辆车的重量, $i=1,\cdots,n$. 由中心极限定理可知, 当 n 足够大, $\sum_{i=1}^{n} X_i$ 近似服从正态分布, 其均值为 $10n$, 方差为 $9n$. 因此, 由于 W 服从正态分布, 且与 X_i 独立, $i=1,\cdots,n$, 则有 $\sum_{i=1}^{n} X_i - W$ 近似服从正态分布, 其均值和方差为

$$E\left(\sum_{i=1}^{n} X_i - W\right) = 10n - 1000,$$
$$D\left(\sum_{i=1}^{n} X_i - W\right) = D\left(\sum_{i=1}^{n} X_i\right) + D(W) = 9n + 100^2.$$

因此, 设

$$Z = \frac{\sum_{i=1}^{n} X_i - W - (10n - 1000)}{\sqrt{9n + 10000}},$$

则有

$$P_n = P\left\{Z \geqslant \frac{1000 - 10n}{\sqrt{9n + 10000}}\right\},$$

其中 Z 是近似服从标准正态分布的随机变量. 显然, $P_{100} = 1 - \Phi(0) = 0.5$, 也就是说, 100 辆车在桥上时, 该桥产生结构损伤的可能性高达 50%.

若要求该桥产生结构损伤的概率不超过 0.1, 由于标准正态分布分位数 $z_{0.1} = 1.28$, 车辆总数 n 应满足

$$\frac{1000 - 10n}{\sqrt{9n + 10000}} \geqslant 1.28,$$

即 $n \leqslant 86$ 时, 该桥梁有不到 10% 的概率发生结构损伤. □

中心极限定理的一项重要应用是给出了二项分布随机变量的一种近似计算方法.

定理 6.4.2 (棣莫弗 – 拉普拉斯 (de Movire–Laplace) 中心极限定理)　设 $X \sim B(n,p)$, 对充分大的 n, 近似地有 $X \sim N(np, np(1-p))$, 等价地, 规范化随机变量

$$\frac{X - np}{\sqrt{np(1-p)}}$$

近似服从标准正态分布.

证明　含有参数 (n,p) 的二项分布随机变量 X 表示 n 次独立试验中成功的次数, p 表示每次试验成功的概率. 我们可以将其表示为

$$X = X_1 + \cdots + X_n,$$

其中

$$X_i = \begin{cases} 1, & \text{若第 } i \text{ 次成功}, \\ 0, & \text{否则}. \end{cases}$$

由

$$E(X_i) = p, \quad D(X_i) = p(1-p),$$

对充分大的 n, 应用列维 – 林德伯格中心极限定理得证. □

图 6.5 表明, 当 n 逐渐增大时, 参数为 (n,p) 的二项分布随机变量的分布律逐渐趋于正态分布. 应当指出, 二项分布有两种近似计算方法: 一是泊松近似, 适用 n 很大而 p 很小的情形; 二是正态近似, 当 n 充分大时适用. 经验上, 泊松近似在 $p < 0.1, np \leqslant 5, n \geqslant 20$ 时适用, 而正态近似一般在 $np(1-p) \geqslant 10$ 时适用.

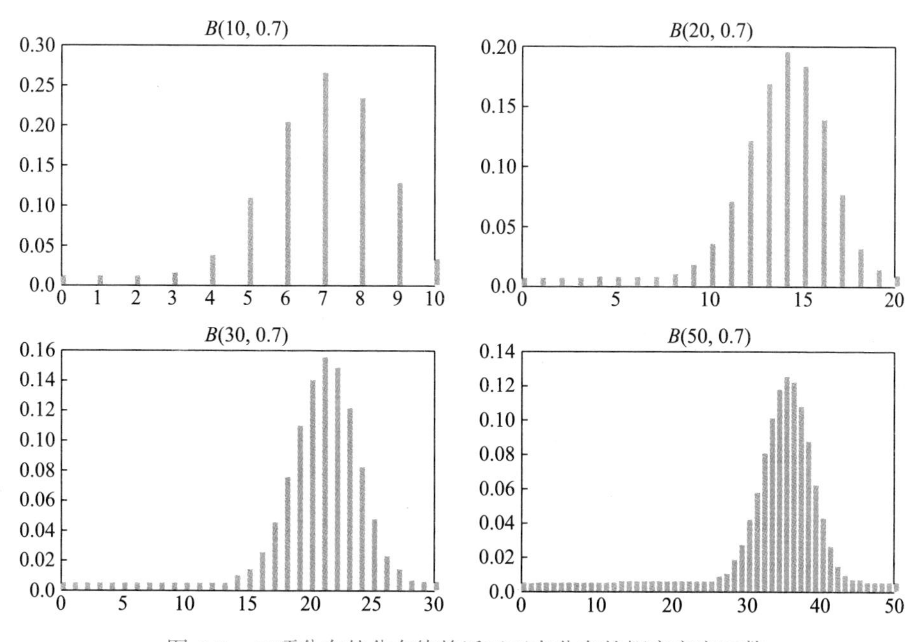

图 6.5　二项分布的分布律趋近于正态分布的概率密度函数

但是, 当我们用正态分布做二项分布、泊松分布等离散型随机变量的近似计算时, 需要注意一个问题. 我们知道, 连续型随机变量在一个点的概率为零, 即对任意 $x, P\{X > x\} = P\{X \geqslant x\}$. 而离散型随机变量的取值往往在一些整数点 k 上, $P\{X > k\}$ 与 $P\{X \geqslant k\}$ 会有明显差异. 所以, 当 X 为离散型随机变量时, 我们用 $P\{k - 0.5 < X < k + 0.5\}$ 来代替 $P\{X = k\}$, 称为离散型随机变量的连续修正. 这一修正会显著改善计算精度.

例 6.4.4　某宾馆的客人通过互联网预订宾馆的房间, 无需预付房费, 客人实际入住时在前台支付房费. 这样往往会由于房客临时不来入住而造成房间空置, 从而导致宾馆收益上的损失. 为此, 宾馆采用超售策略, 即超额预订房间. 超售的风险在于, 如果届时来入住的订单数超过宾馆的接待能力, 宾馆不得不对无法入住的客人给出赔偿. 如果宾馆有 200 间客房, 网上预订出 240 间客房. 根据过去的经验, 宾馆知道预订每间客房的客人只有 80% 的概率会实际入住宾馆, 那么网上预订出的 240 间客房中实际来入住的客房数超过 200 间的概率为多大?

解　令 X 为实际入住的客房数量, 并假设预订房间的客人都是独立决定是否来入住的. 这样 $X \sim B(240, 0.8)$. 由此得到

$$\begin{aligned}P\{X > 200\} &= P\left\{\frac{X - 240 \times 0.8}{\sqrt{240 \times 0.8 \times 0.2}} \geqslant \frac{200 - 240 \times 0.8}{\sqrt{240 \times 0.8 \times 0.2}}\right\} \\ &\approx P\{Z > 1.29\} = 1 - \Phi(1.29) = 0.098.\end{aligned}$$

如果采用离散型随机变量的连续修正, 我们有

$$\begin{aligned}P\{X > 200\} &= P\{X = 201\} + P\{X = 202\} + \cdots \\ &= P\{X > 200.5\} \\ &= P\left\{\frac{X - 240 \times 0.8}{\sqrt{240 \times 0.8 \times 0.2}} \geqslant \frac{200.5 - 240 \times 0.8}{\sqrt{240 \times 0.8 \times 0.2}}\right\} \\ &\approx P\{Z > 1.37\} = 1 - \Phi(1.37) = 0.085.\end{aligned}$$

后者具有更高的计算精度. 因此, 网上预订出的 240 间客房中实际来入住的客房数超过 200 间的概率只有 8.5%.　□

6.5 大样本均值的近似分布

在 6.2 节, 我们得到了正态总体的样本均值和样本方差的精确分布. 但是, 当我们面对非正态总体的时候, 求统计量的分布要困难得多. 而中心极限定理提供了一套理论, 使得当样本容量足够大时, 无论总体服从什么分布, 其样本均值都近似服从正态分布.

令 $X_1, \cdots, X_n$ 为来自某总体 (无论什么分布) 的一个样本, 总体均值为 μ, 总体方差为 σ^2, 根据中心极限定理, 当 n 足够大时,

$$X_1 + \cdots + X_n$$

近似服从正态分布. 由于正态分布的随机变量乘常数亦服从正态分布, 样本均值

$$\overline{X} = \frac{1}{n}\sum_{i=1}^{n} X_i$$

也近似服从正态分布. 由于样本均值的期望值为 μ, 标准差为 $\sigma/\sqrt{n}$, 则可得到规范化均值

$$\frac{\overline{X} - \mu}{\sigma/\sqrt{n}}$$

近似服从标准正态分布.

例 6.5.1 烟草公司声称, 该公司生产的香烟中尼古丁含量是一个均值为 2.2 mg, 标准差为 0.3 mg 的随机变量. 如果公司的说法是正确的, 那么随机选取 100 支香烟的样本均值大于或等于 2.5 mg 的概率有多大? 现从该公司产品中随机选取 100 支香烟, 测得尼古丁含量的平均值为 2.5 mg, 你会做怎样的推测?

解 设 X_i 为第 i 支香烟的尼古丁含量, $i = 1, 2, \cdots, 100$, X_i 相互独立, 且 $E(X_i) = 2.2, D(X_i) = 0.3^2$. 由于样本容量 100 足够大, 近似地有

$$\frac{\overline{X} - 2.2}{0.3/10} \sim N(0, 1),$$

这样

$$P\{\overline{X} \geqslant 2.5\} = P\left\{\frac{\overline{X} - 2.2}{0.03} \geqslant \frac{2.5 - 2.2}{0.03}\right\} \approx 1 - \varPhi(10) \approx 0.$$

如果公司的说法是正确的，这几乎不可能发生. 所以可以推测：公司的说法不正确. 本题这样的推测思想我们会在第 8 章假设检验中广泛使用. □

例 6.5.2　某天文学家想测量某个遥远星球和天文台之间的距离，然而由于大气的干扰，每次测量都无法得到精确的距离 d. 因此，天文学家决定利用一系列测量值的平均值作为实际距离的估计值，若天文学家认为这些成功测量的值是独立随机变量，均值为 d 光年，标准差为 2 光年，则需要测量多少次才能使估计值以 95% 的把握精确到 ± 0.5 光年之内?

解　若天文学家做了 n 次测量，那么测量值的样本均值 $\overline{X}$ 近似服从正态分布，其均值和标准差分别为 d 和 $\dfrac{2}{\sqrt{n}}$. 则其误差在 ± 0.5 之内的概率为

$$\begin{aligned} P\{-0.5<\overline{X}-d<0.5\} &= P\left\{\frac{-0.5}{2/\sqrt{n}}<\frac{\overline{X}-d}{2/\sqrt{n}}<\frac{0.5}{2/\sqrt{n}}\right\} \\ &\approx P\left\{-\frac{\sqrt{n}}{4}<Z<\frac{\sqrt{n}}{4}\right\} \\ &= 2P\left\{Z<\frac{\sqrt{n}}{4}\right\}-1, \end{aligned}$$

其中 Z 为标准正态分布的随机变量.

天文学家需要测量的次数 n 满足

$$2P\left\{Z<\frac{\sqrt{n}}{4}\right\}-1 \geqslant 0.95,$$

等价于

$$P\left\{Z<\frac{\sqrt{n}}{4}\right\} \geqslant 0.975,$$

由于 $P\{Z<1.96\}=0.975$, n 应该满足

$$\frac{\sqrt{n}}{4} \geqslant 1.96,$$

即至少需要 62 次观测. □

如果总体方差 σ^2 未知，规范化均值

$$\frac{\overline{X}-\mu}{\sigma/\sqrt{n}}$$

不再是统计量. 根据大数定律, 当 n 足够大, 我们可以用样本标准差 S 作为总体标准差 σ 的近似, 即当 n 足够大时, 可以认为

$$\frac{\overline{X}-\mu}{S/\sqrt{n}}$$

近似服从标准正态分布. 由于 $n\to\infty$ 时, 自由度为 $n-1$ 的 t 分布趋于 $N(0,1)$, 这个结论同推论 6.2.1 是相符的. 可见, 在大样本情形, 尽管非正态总体与正态总体有很大区别, 但它们的样本均值却具有几乎一样的分布规律. 这一结论为大样本统计推断带来了很多便利.

习题

1. 假设 $X_i, i=1,2,\cdots,5$ 是一组随机样本, 其概率分布满足

$$P\{X_i=0\}=0.2, P\{X_i=1\}=0.3, P\{X_i=3\}=0.5, i=1,2,\cdots,5.$$

求样本均值的期望和方差.

2. 海洋科学家用回声探测仪来测量海底的深度. 其工作原理是利用换能器在水中发出声波, 当声波遇到障碍物而反射回换能器时, 根据声波往返的时间和所测水域中声波传播的速度, 就可以求得障碍物与换能器之间的距离. 但是, 由于海洋环境的复杂性, 每次测量都存在一定的误差, 所以科学家们通过多次测量的平均值来计算海底的深度, 以提高测量精度. 假设每次测量的误差服从均值为 0 m, 标准差为 5 m 的正态分布, 问需要多少次测量的平均值才能使得计算结果的误差不超过 2 m 的概率达到 0.9?

3. 设 $X_1, X_2, \cdots, X_{20}$ 为来自正态总体 $N(\mu,\sigma^2)$ 的样本, 计算概率

$$P\left\{10.9\leqslant\sum_{i=1}^{20}\left(\frac{X_i-\mu}{\sigma}\right)^2\leqslant 37.6\right\}.$$

4. 设 $X_1, X_2, \cdots, X_9$ 为来自正态总体 $N(\mu,\sigma^2)$ 的样本, 令

$$Y_1=\frac{1}{6}\sum_{i=1}^{6}X_i,\quad Y_2=\frac{1}{3}\sum_{i=7}^{9}X_i,\quad Y_3=\frac{1}{2}\sum_{i=7}^{9}(X_i-Y_2)^2,$$

证明统计量

$$Y_4=\sqrt{\frac{2}{Y_3}}(Y_1-Y_2)$$

服从自由度为 2 的 t 分布.

5. 使得恒温器停止工作的温度服从方差为 4 的正态分布. 若恒温器被测试了 5 次, S^2 为 5 个观测值的样本方差. 计算 $P\{S^2\leqslant 7.2\}$ 和 $P\{3.4\leqslant S^2\leqslant 4.6\}$.

6. 在问题 5 中, 样本量达到多大时才足够确保 $P\{S^2\leqslant 7.2\}\geqslant 0.95$?

7. 考虑两个相互独立的样本, 第一个样本容量为 10, 来自方差为 4 的正态总体, 第二个样本容量为 5, 来自方差为 2 的正态总体. 计算第二个样本的样本方差大于第一个样本的样本方差的概率 (提示: 利用 F 分布).

8. 设 $X_1,X_2,\cdots$ 是独立同分布的随机变量序列, 服从 (0,1) 区间上的均匀分布. 利用大数定律证明对任意 $\varepsilon>0$, $\lim\limits_{n\to\infty}\left\{\left|\left(\prod\limits_{k=1}^{n}X_k\right)^{1/n}-\mathrm{e}^{-1}\right|>\varepsilon\right\}=0$.

9. 用蒙特卡罗方法计算积分 $\displaystyle\int_2^{10}\frac{1}{\ln x}\mathrm{d}x$ 的近似值.

10. 设 U 服从 (0,1) 区间上的均匀分布, 则 $X=-\dfrac{1}{\lambda}\ln(1-U)$ 服从参数为 λ 的指数分布 (见第 4 章例 4.1.7). 根据这个原理, 用 Excel 的均匀分布随机数函数 RAND() 可以得到指数分布随机数. 试分别对 $n=3$ 和 $n=10$ 用蒙特卡罗方法画出 $X_1+X_2+\cdots+X_n$ 的概率密度函数图, 其中 $X_1,X_2,\cdots,X_n$ 为来自参数为 $\lambda=1$ 的指数分布总体的样本.

11. 已知 48 个独立的随机变量均服从 (0,1) 区间上的均匀分布, 求其和大于 20 的概率.

12. 抛掷一颗均匀骰子 20 次, 试用下列两种方法估计抛掷总和在 50 至 90 之间的概率.

(1) 切比雪夫不等式;

(2) 中心极限定理.

13. 设 $X_1,X_2,\cdots$ 是独立同分布的随机变量序列, 已知 $E(X_i^k)=\dfrac{k}{3}(k=1,2,3,4,i=1,2,\cdots)$. 证明当 n 充分大时, 随机变量 $Z_n=\dfrac{1}{n}\sum\limits_{i=1}^{n}X_i^2$ 近似服从正态分布, 并给出其均值和方差.

14. 一公路部门库存有可融化 800 cm 的降雪量的盐. 假设每天降雪量均值为 15 cm, 标准差为 3 cm.

(1) 求未来 50 天内库存的盐足够用的概率.

(2) 为了解决问题 (1), 你需要做什么假设? 你认为这样的假设是合理的吗? 请简要解释.

15. 一家保险公司拥有 25 万个车险投保人, 若每个投保人每年的赔偿款为随机变量, 其均值为 3 万元, 标准差为 1 万元, 估计年度赔偿款总额超过 90 亿元的概率.

16. 设 X 服从二项分布 $B(100, 0.2)$, 用下列三种方法近似计算 $P\{X \leqslant 18\}$, 并与准确值进行比较.

(1) 泊松近似;

(2) 正态近似 (不使用连续修正);

(3) 正态近似 (使用连续修正).

17. 某学术会议理想的参会人数为 150. 会议主办者只允许事先在网上注册过的人参会. 根据过去的经验, 网上注册过的人平均只有 30% 实际到会. 如果有 450 个人在网上注册过, 计算实际参会人数在 120 至 150 之间的概率.

18. 某大楼有 200 台独立的空调, 在工作高峰时, 平均会有 60% 的空调开启, 每台空调开启时耗电功率 2 kW, 问供电所至少为此大楼的空调配备多少电, 才能以 99.9% 的概率保证这些空调不会出现供电不足的现象?

19. 银行为支付某日即将到期的债券需准备一笔现金. 已知这笔债券共发放了 5000 张, 每张支付本息 1 万元. 设持券人 (1 人 1 券) 到期日到银行兑现的概率为 0.4, 问银行该日应为此准备多少现金才能以 99% 的把握保证客户的兑现需求?

20. 某个计算机芯片制造厂制造的每一个芯片有瑕疵的概率为 0.25, 且芯片是否有瑕疵是相互独立的. 如果检测样本数为 1000 的芯片, 那么, 测得有瑕疵的芯片数小于 200 的概率是多少?

21. 某职业篮球队一个赛季将要打 60 场比赛, 其中 32 场对阵 A 组队伍, 28 场对阵 B 组队伍. 每场比赛的结果相互独立. 这支队伍每场比赛战胜 A 组队伍的概率为 0.5, 战胜 B 组队伍的概率为 0.7. 设 X 为其整个赛季得胜场次的总数.

(1) 设 X_A 和 X_B 分别表示战胜 A 组队伍和 B 组队伍的场次数. 它们分别服从什么分布?

(2) X 是否为服从二项分布的随机变量?

(3) 估计这支队伍至少赢得 40 场比赛的概率.

22. 某电器零件的寿命是一个随机变量, 均值为 100 h, 标准差为 24 h. 如果取 36 个这样的零件进行测试, 求样本均值在下述范围的概率:

(1) 小于 104 h;

(2) 98 和 104 h 之间.

23. 某城市成年男人体重的均值为 68 kg, 标准差为 8 kg.

(1) 若选择 36 名成年男人的样本, 估计样本均值在 65 kg 到 70 kg 之间的概率.

(2) 当样本容量变为 100 名后, 估计样本均值在 65 kg 到 70 kg 之间的概率.

24. 某个老师通过过去的经验发现学生的数学考试成绩是均值为 77 分, 标准差为 15 分的随机变量, 但分布未知. 目前, 该教师正在教两个独立的班级, A 班人数为 64, B 班人数为 25.

(1) 分别求两个班各自的平均成绩在 72 分到 82 分之间的概率;

(2) 求 A 班平均成绩大于 B 班平均成绩的概率;

(3) 已知两个班的平均成绩分别是 76 分和 83 分, 你认为 83 分的那个班更有可能是 A 班还是 B 班?

第 7 章 参数估计

在概率论中, 我们总是假设随机变量服从已知的概率分布, 然后根据此数学模型讨论随机事件发生的概率等问题. 但在实际问题中, 情况往往是反过来的, 我们只能观测到某些随机现象的发生, 却不清楚其来自什么概率分布, 或者即使从理论上推测出它服从某种类型的分布, 但其中的某些参数也是不知道的. 例如, 我们相信大面积数学课程考试中的学生成绩服从正态分布 $N(\mu,\sigma^2)$, 但其均值 μ 和标准差 σ 是未知的, 在阅卷以前, 教师要随机抽取一小部分试卷进行预阅卷, 以估计均值 μ, 从而确定评分细则. 又如, 理论上说我们知道在单位时间内从太阳照射到地球上的某种粒子数目服从泊松分布, 但其均值是不知道的, 需要采集一部分样本数据来估计均值. 这类问题是数理统计的一类基本问题, 称为参数估计. 参数估计就是利用所观测到的数据对概率分布中的未知参数加以推断估计. 参数估计分为两大类: 点估计和区间估计.

7.1 点估计

7.1.1 点估计及其评价

定义 7.1.1 设总体 X 服从分布 $F(x|\theta)$, 其中 θ 为未知参数 (它可以是一个, 也可以是多个). 设容量为 n 的样本 $X_1,\cdots,X_n$ 来自该总体, 那么 $X_1,\cdots,X_n$ 相互独立, 且都服从分布 $F(x|\theta)$. 我们把估计未知参数 θ 的统计量 $\hat{\theta}(X_1,X_2,\cdots,X_n)$ 称为 θ 的估计量. 估计量是样本的函数, 从而也是一个随机变量. 估计量不

含未知参数, 当我们取得样本观测值 $x_1, \cdots, x_n$ 之后, 就可以计算出估计量的值 $\hat{\theta}(x_1, x_2, \cdots, x_n)$, 它是一个非随机的数值. 称为 θ 的估计值. 为了方便起见, 在下文中我们并不刻意区分估计量与估计值, 把它们统称为点估计. 具体含义视上下文而定.

在总体 X 的参数中, 最重要的是均值 $\mu = E(X)$ 和方差 $\sigma^2 = D(X)$. 若 μ 和 σ^2 未知, 应该怎样构造它们的估计量? 一个自然的想法是用样本均值 $\overline{X}$ 来估计总体均值 μ, 用样本方差 S^2 来估计总体方差 σ^2. 根据第 6 章的辛钦大数定律, 当 $n \to \infty$ 时, 在概率意义下有

$$\overline{X} = \frac{1}{n}\sum_{i=1}^{n} X_i \to \mu,$$

$$S^2 = \frac{1}{n-1}\sum_{i=1}^{n}(X_i - \overline{X})^2 \to \sigma^2.$$

说明当样本量 n 足够大时, 估计量

$$\hat{\mu} = \overline{X}, \quad \hat{\sigma^2} = S^2 \tag{7.1.1}$$

会充分接近 μ 和 σ^2. 我们称这样的估计具有相合性或一致性. 相合性是大样本情形下估计量的一个基本评价标准. 它保证样本数据足够多时, 估计精度就足够高.

在小样本情形, 我们更关心估计量的另一个评价标准 —— 无偏性. 具体地说, 如果估计量的数学期望等于被估计参数本身, 即

$$E(\hat{\theta}(X_1, X_2, \cdots, X_n)) = \theta.$$

我们称估计量 $\hat{\theta}$ 是参数 θ 的无偏估计. 无偏性保证了估计值不会出现系统性偏大或偏小. 下面的定理告诉我们, (7.1.1) 定义的估计量是无偏的. 也就是说, 样本均值是总体均值的无偏估计, 样本方差是总体方差的无偏估计. 这也解释了我们在定义样本方差的时候, 为什么系数使用 $1/(n-1)$ 而不是 $1/n$, 尽管后者看上去更自然.

定理 7.1.1 设 $X_1, \cdots, X_n$ 为来自总体 X 的一组样本, 且 $E(X)=\mu$, $D(X)=\sigma^2$, 那么

$$E(\overline{X}) = \mu, E(S^2) = \sigma^2.$$

证明 根据数学期望的性质,

$$\begin{aligned} E(\overline{X}) &= E\left(\frac{1}{n}\sum_{i=1}^{n}X_i\right) \\ &= \frac{1}{n}[E(X_1)+\cdots+E(X_n)] \\ &= \mu. \end{aligned}$$

由于 $X_1,\cdots,X_n$ 相互独立, 根据方差的性质,

$$\begin{aligned} D(\overline{X}) &= D\left(\frac{1}{n}\sum_{i=1}^{n}X_i\right) \\ &= \frac{1}{n^2}[D(X_1)+\cdots+D(X_n)] \\ &= \frac{n\sigma^2}{n^2}=\frac{\sigma^2}{n}, \end{aligned}$$

为了计算 $E(S^2)$, 我们使用在第 2 章 2.2 节已证明的等式 (2.2.1)

$$\sum_{i=1}^{n}(X_i-\overline{X})^2=\sum_{i=1}^{n}X_i^2-n\overline{X}^2.$$

并注意到这样一个事实: 对任意随机变量 W,

$$E(W^2)=D(W)+[E(W)]^2,$$

得到

$$\begin{aligned} E(S^2) &= \frac{1}{n-1}\left[E\left(\sum_{i=1}^{n}X_i^2\right)-nE(\overline{X}^2)\right] \\ &= \frac{n}{n-1}[E(X_1^2)-E(\overline{X}^2)] \\ &= \frac{n}{n-1}\{D(X_1)+[E(X_1)]^2-D(\overline{X})-[E(\overline{X})]^2\} \\ &= \frac{n}{n-1}\left[\sigma^2+\mu^2-\frac{\sigma^2}{n}-\mu^2\right] \\ &= \sigma^2. \end{aligned}$$

定理证毕. □

7.1.2　最大似然估计

接下来我们介绍构造点估计量的最常用的方法 —— 最大似然估计法, 它能充分利用总体分布所提供的信息, 且不要求总体的均值和方差存在. 我们知道: 随机现象在一次试验中可能发生也可能不发生, 但概率较大的现象发生的可能性会比较大. 换言之, 如果在一次试验中, 某个随机现象发生了, 那么它应该就是概率较大的现象. 最大似然估计法正是基于这样的原理. 先看一个启发性的例子.

例 7.1.1　已知盒中有 100 个球, 白球和黑球之比可能为 5:5, 也可能是 3:7. 现不放回地从中取两球, 发现都是黑球. 推断盒中白球的比例.

解　设 θ 为盒中白球的比例, 根据题意, 它可能取 50% 或 30%, 但具体取哪个值未知. 下面我们来计算两种情形下的概率.

(1) $\theta = 50\%$ 的情形:

$$P\{\text{两个都是黑球} \,|\, \theta = 50\%\} = \frac{50 \times 49}{100 \times 99} \approx 0.25,$$

(2) $\theta = 30\%$ 的情形:

$$P\{\text{两个都是黑球} \,|\, \theta = 30\%\} = \frac{70 \times 69}{100 \times 99} \approx 0.49.$$

尽管两种现象都是有可能发生的, 但两者之间相比, 后一情形的概率更大. 据此我们估计

$$\hat{\theta} = 30\%.$$

也就是说, 白球和黑球的之比为 3:7“看起来更像” 是正确的. □

定义 7.1.2　设总体 X 的概率密度函数 (或分布律) 为 $f_X(x|\theta)$, 我们称

$$f(x_1, x_2, \cdots, x_n|\theta) = \prod_{i=1}^{n} f_X(x_i|\theta)$$

为未知参数 θ 的似然函数. 如果点估计 $\hat{\theta}(x_1, x_2, \cdots, x_n)$ 使得似然函数取得最大值, 即

$$f(x_1, x_2, \cdots, x_n|\hat{\theta}) = \max_{\theta} f(x_1, x_2, \cdots, x_n|\theta).$$

我们就称 $\hat{\theta}(x_1, x_2, \cdots, x_n)$ 为未知参数 θ 的最大似然估计.

对于离散型分布总体而言, 似然函数 $f(x_1,\cdots,x_n|\theta)$ 实质上就是样本 X_1, $X_2,\cdots,X_n$ 的联合分布律. 区别在于: 联合分布律的自变量是 $x_1,x_2,\cdots,x_n$, 而似然函数的自变量是未知参数 θ. 因为使得联合分布律 $f(x_1,\cdots,x_n|\theta)$ 达到最大的那个 θ "看起来最像" 是正确的, 所以, 将使得似然函数达到最大的那个 $\hat{\theta}$ 定义为 "最大似然估计". 对于连续型分布总体, 似然函数变成了样本的联合密度函数, 最大似然估计的思想是一样的.

求解似然函数极值点通常使用微分法. 但是, 由于似然函数是乘积形式, 关于 θ 求导会导致复杂的结果. 注意到 $\ln f$ 与 f 具有相同的单调性, 我们可以先对似然函数取对数以简化计算. 最大似然估计的主要求解步骤是:

第 1 步 由总体的概率密度函数 (或分布律)$f_X(x|\theta)$ 写出 $f_X(x_i|\theta)$;

第 2 步 写出似然函数

$$f(x_1,x_2,\cdots,x_n|\theta)=\prod_{i=1}^{n}f_X(x_i|\theta);$$

第 3 步 对似然函数取对数, 并关于未知参数 θ 求导, 列似然方程 (或方程组)

$$\frac{\mathrm{d}}{\mathrm{d}\theta}\ln f(x_1,x_2,\cdots,x_n|\theta)=0;$$

第 4 步 求解关于未知参数 θ 的似然方程, 得到最大似然估计 $\hat{\theta}(x_1,x_2,\cdots,x_n)$.

例 7.1.2 (伯努利分布的最大似然估计) 设伯努利分布的参数 p 未知, 求 p 的最大似然估计量, 并讨论它是否为 p 的无偏估计量.

解 总体分布律

$$P\{X=1\}=p,\quad P\{X=0\}=1-p.$$

将其合写成

$$P\{X=x\}=p^x(1-p)^{1-x},\quad x=0,1.$$

那么对于样本 $X_1,X_2,\cdots,X_n$,

$$P\{X_i=x_i|p\}=p^{x_i}(1-p)^{1-x_i},\quad x_i=0,1,\quad i=1,2,\cdots,n.$$

似然函数 (即联合分布律) 为

$$\begin{aligned}f(x_1,\cdots,x_n|p)&=\prod_{i=1}^{n}P\{X_i=x_i|p\}\\&=p^{x_1}(1-p)^{1-x_1}\cdots p^{x_n}(1-p)^{1-x_n}\\&=p^{\sum\limits_{i=1}^{n}x_i}(1-p)^{n-\sum\limits_{i=1}^{n}x_i},\quad x_i=0,1,\ i=1,\cdots,n.\end{aligned}$$

取对数得到

$$\ln f(x_1,\cdots,x_n|p)=\sum_{i=1}^{n}x_i\ln p+\left(n-\sum_{i=1}^{n}x_i\right)\ln(1-p).$$

关于 p 求导得

$$\frac{\mathrm{d}}{\mathrm{d}p}\ln f(x_1,\cdots,x_n|p)=\frac{1}{p}\sum_{i=1}^{n}x_i-\frac{1}{1-p}\left(n-\sum_{i=1}^{n}x_i\right),$$

令上式等于 0 得到

$$\frac{1}{p}\sum_{i=1}^{n}x_i=\frac{1}{1-p}\left(n-\sum_{i=1}^{n}x_i\right),$$

关于 p 求解得到

$$p=\frac{1}{n}\sum_{i=1}^{n}x_i=\overline{x}.$$

所以 p 的最大似然估计量为

$$\hat{p}=\overline{X}.$$

由于

$$E(\hat{p})=E(\overline{X})=E(X)=p,$$

所以 $\hat{p}$ 是 p 的无偏估计量. □

实际上, 由于 p 是伯努利分布的总体均值, 这个结果与 (7.1.1) 中定义的均值估计量是完全一致的. 由于伯努利试验中, $x_i=0,1$, 其中 1 代表某事件发生 (称为 “成功”), 0 代表不发生,

$$\hat{p}=\frac{1}{n}\sum_{i=1}^{n}x_i=\bar{x}=\frac{k}{n},$$

其中 k 为 n 次试验中事件发生的次数, $\dfrac{k}{n}$ 就是事件发生的频率. 这是一个直观上很容易理解的结果: 用若干次试验中事件发生的频率来估计该事件发生的概率 p. 下例是这个简单结果的一个有趣的应用.

例 7.1.3 两个校对员审阅一份相同的文稿. 校对员 1 发现 n_1 个错误, 校对员 2 发现 n_2 个错误, 其中相同的有 $n_{1,2}$ 个, 试估计这份文稿中总的错误数 N.

解 假设校对员的结论是相互独立的, 且文稿中的每一个错误被第 i 个校对员独立发现的概率为 $p_i, i=1,2$.

为估计 N, 我们首先给出 p_1 的估计量. 为此, 我们注意到由校对员 2 发现的 n_2 个错误中的每一个将独立地被校对员 1 以概率 p_1 发现. 由于校对员 1 发现 n_2 个错误中的 $n_{1,2}$ 个, 因此 p_1 的合理估计为

$$\hat{p_1}=\frac{n_{1,2}}{n_2}.$$

然而, 由于校对员 1 发现文稿中 N 个错误中的 n_1 个, 因此可以认为 p_1 近似等于 $\dfrac{n_1}{N}$, 这样,

$$\frac{n_{1,2}}{n_2}\approx\frac{n_1}{N},$$

或

$$N\approx\frac{n_1n_2}{n_{1,2}}.$$

□

考虑下列不同的应用背景, 上述结果具有更重大的价值. 两支研究队伍最近宣布他们已经破解了人类基因密码序列时, 都估计人类基因组大约包含 33000 (近似到千位数) 个基因. 由于两支队伍独立得到相同的数值, 因此许多科学家认为这个数字是可信的. 而对结果的进一步的观察发现两支队伍仅对大约 17000 个基因有相同的认定. 因此, 基于前面的讨论, 我们可以估计出基因的正确数字为

$$\frac{n_1n_2}{n_{1,2}}=\frac{33000\times33000}{17000}\approx 64000,$$

而不是 33000. 对于这个问题, 用集合论的方法得到的解答是 $33000+33000-17000=49000$, 但这一结论建立在下列假设的基础上: 任何基因组都会被这两支队伍中至少一支发现, 而这个假设显然是不成立的.

例 7.1.4　设总体 X 的概率密度函数为

$$f_X(x)=\begin{cases}(\alpha+1)x^{\alpha}, & 0<x<1,\\ 0, & \text{其他},\end{cases}$$

其中 α 未知. $X_1,X_2,\cdots,X_n$ 为取自总体 X 的样本, 求参数 α 的最大似然估计量.

解　似然函数为

$$f(x_1,x_2,\cdots,x_n|\alpha)=\prod_{i=1}^{n}f_X(x_i|\alpha)=\begin{cases}(\alpha+1)^n\prod\limits_{i=1}^{n}x_i^{\alpha}, & 0<x_1,\cdots,x_n<1,\\ 0, & \text{其他},\end{cases}$$

取对数得到

$$\ln f(x_1,x_2,\cdots,x_n|\alpha)=n\ln(\alpha+1)+\alpha\sum_{i=1}^{n}\ln x_i,\quad 0<x_1,\cdots,x_n<1.$$

关于 α 求导, 得似然方程

$$\frac{\mathrm{d}\ln f(x_1,x_2,\cdots,x_n|\alpha)}{\mathrm{d}\alpha}=\frac{n}{\alpha+1}+\sum_{i=1}^{n}\ln x_i=0.$$

解得

$$\alpha=-\frac{n}{\sum\limits_{i=1}^{n}\ln x_i}-1,$$

所以参数 α 的最大似然估计量为

$$\hat{\alpha}=-\frac{n}{\sum\limits_{i=1}^{n}\ln X_i}-1.$$

□

例 7.1.5 (正态分布的最大似然估计)　设总体 X 服从正态分布 $N(\mu,\sigma^2)$, $X_1,\cdots,X_n$ 为其样本. 试给出 μ 和 σ^2 的最大似然估计量.

解　正态分布 $N(\mu,\sigma^2)$ 的概率密度函数为

$$f_X(x)=\frac{1}{\sqrt{2\pi}\sigma}\exp\left\{-\frac{(x-\mu)^2}{2\sigma^2}\right\},$$

样本的似然函数为

$$
\begin{aligned}
f(x_1,\cdots,x_n|\mu,\sigma^2) &= \prod_{i=1}^{n} f_X(x_i) \\
&= \prod_{i=1}^{n} \frac{1}{\sqrt{2\pi}\sigma} \exp\left\{-\frac{(x_i-\mu)^2}{2\sigma^2}\right\} \\
&= \left(\frac{1}{\sqrt{2\pi}}\right)^n (\sigma^2)^{-\frac{n}{2}} \exp\left\{-\frac{1}{2\sigma^2}\sum_{i=1}^{n}(x_i-\mu)^2\right\},
\end{aligned}
$$

因此

$$
\ln f(x_1,\cdots,x_n|\mu,\sigma^2) = -\frac{n}{2}\ln(2\pi) - \frac{n}{2}\ln\sigma^2 - \frac{1}{2\sigma^2}\sum_{i=1}^{n}(x_i-\mu)^2,
$$

对 μ,σ^2 分别求偏导 (注意这里 σ^2 是一个参数, σ^4 是它的平方) 得

$$
\begin{aligned}
\frac{\partial}{\partial\mu}\ln f(x_1,\cdots,x_n|\mu,\sigma^2) &= \frac{1}{\sigma^2}\sum_{i=1}^{n}(x_i-\mu) = 0, \\
\frac{\partial}{\partial\sigma^2}\ln f(x_1,\cdots,x_n|\mu,\sigma^2) &= -\frac{n}{2\sigma^2} + \frac{1}{2\sigma^4}\sum_{i=1}^{n}(x_i-\mu)^2 = 0,
\end{aligned}
$$

由此可得

$$
\begin{aligned}
\mu &= \frac{1}{n}\sum_{i=1}^{n} x_i, \\
\sigma^2 &= \frac{1}{n}\sum_{i=1}^{n}(x_i-\mu)^2,
\end{aligned}
$$

因此当 μ,σ^2 都未知时, μ,σ^2 的最大似然估计量分别为

$$
\begin{aligned}
\hat{\mu} &= \overline{X}, \\
\hat{\sigma^2} &= \frac{1}{n}\sum_{i=1}^{n}(X_i-\overline{X})^2 = \frac{n-1}{n}S^2,
\end{aligned}
$$

这里 S^2 是样本方差. □

可见, 正态分布均值的最大似然估计就是样本均值, 为无偏估计; 但方差的最大似然估计与样本方差之间差一个系数, 从而不是无偏估计. 需要指出的是, 由于 σ 是 σ^2 的单调函数, σ 的最大似然估计为

$$
\hat{\sigma} = \sqrt{\hat{\sigma^2}} = S\sqrt{\frac{n-1}{n}},
$$

当然它也不是 σ 的无偏估计. 另外, 如果均值 μ 已知, σ^2 的最大似然估计会略有区别, 详见习题 6.

例 7.1.6 (★ 均匀分布的最大似然估计)　假设 $X_1,\cdots,X_n$ 是来自于 $(0,\theta)$ 上的均匀分布的样本, 求 θ 的最大似然估计. 它是否为无偏估计? 如果不是, 求一个无偏估计量.

解　$(0,\theta)$ 上的均匀分布的概率密度函数为

$$f_X(x)=\begin{cases}\dfrac{1}{\theta},0<x<\theta,\\ 0,\text{ 其他},\end{cases}$$

似然函数为

$$f(x_1,\cdots,x_n|\theta)=\prod_{i=1}^{n}f_X(x_i|\theta)=\begin{cases}\dfrac{1}{\theta^n},0<x_i<\theta,\ i=1,\cdots,n,\\ 0,\ \text{其他},\end{cases}$$

取对数, 列似然方程得

$$\frac{\mathrm{d}(-n\ln\theta)}{\mathrm{d}\theta}=\frac{-n}{\theta}=0,\quad 0<x_i<\theta,\ i=1,\cdots,n.$$

似然方程无解, 所以本例的最大似然估计无法通过求导得到. 但是我们注意到 θ 越小时, $\dfrac{1}{\theta^n}$ 越大, 而当 $x_i\geqslant\theta$ 时似然函数等于 0, 所以必须有 $\theta>x_i,i=1,2,\cdots,n$. 因此, θ 的最优值等于 $\max\{x_1,\cdots,x_n\}$ (对于连续型分布, 我们不用在意改变个别点的概率密度函数值). 也就是说 θ 的最大似然估计量为

$$\hat{\theta}=\max\{X_1,\cdots,X_n\}.$$

矩估计法

根据第 4 章例 4.2.6 得它的概率密度函数

$$f_Y(y)=\begin{cases}\dfrac{n}{\theta}\left(\dfrac{y}{\theta}\right)^{n-1}, & 0<y<\theta,\\ 0, & \text{其他},\end{cases}$$

$$E[\max\{X_1,\cdots,X_n\}]=\int_0^{\theta}y\cdot\frac{n}{\theta}\left(\frac{y}{\theta}\right)^{n-1}\mathrm{d}y=\frac{n}{n+1}\theta<\theta.$$

也就是说, 最大似然估计量 $\hat{\theta}$ 不是 θ 的无偏估计量, 而且最大似然估计总是偏小的, 见图 7.1.

因 $E(\overline{X})=\dfrac{\theta}{2}$, 所以 $E(2\overline{X})=2E(\overline{X})=\theta$, 估计量 $2\overline{X}$ 是 θ 的无偏估计量.

□

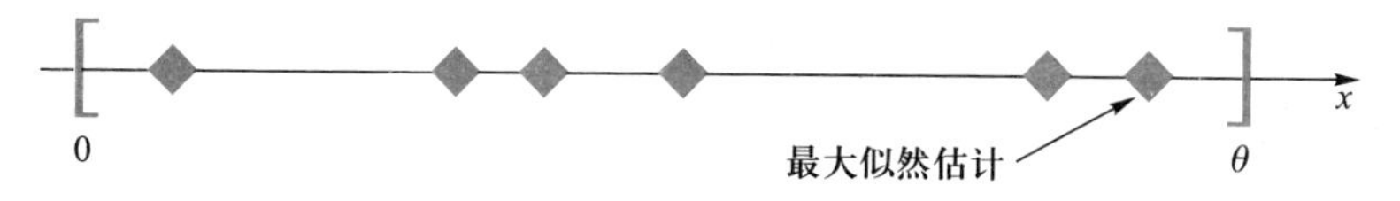

图 7.1 均匀分布的最大似然估计

7.2 总体均值的区间估计

上一节我们讨论了点估计, 它是基于样本观测值对未知参数 θ 的一个估计值, 然而我们无法期望点估计恰好等于 θ, 它们只是 "接近", 但存在误差. 本节我们介绍区间估计, 它在一定的概率下, 利用两个点估计确定了 θ 所在的区间.

定义 7.2.1 设总体分布为 $F(x|\theta),\theta$ 为未知参数, $X_1,\cdots,X_n$ 为样本. 若存在两个统计量 $\hat{\theta}_1=\hat{\theta}_1(X_1,\cdots,X_n),\hat{\theta}_2=\hat{\theta}_2(X_1,\cdots,X_n)$ 使得下式成立:

$$P\{\hat{\theta}_1<\theta<\hat{\theta}_2\}=1-\alpha.$$

则称 $(\hat{\theta}_1,\hat{\theta}_2)$ 为参数 θ 的 $100(1-\alpha)\%$ 的置信区间, 其中 $100(1-\alpha)\%$ 称为置信度, 这里 $0<\alpha<1$, 常常取 0.1, 0.05, 0.01 等小正数, 这样置信度是一个大概率.

区间估计一般都是依据点估计来构造的, 并需要利用点估计量的概率分布. 所以, 我们主要考虑正态总体的区间估计, 以便使用第 6 章统计量的抽样分布.

7.2.1 方差已知时正态总体均值的区间估计

假设 $X_1,\cdots,X_n$ 来自期望 μ 未知而方差 σ^2 已知的正态总体. 我们知道, μ 的点估计量是 $\overline{X}$, 我们将利用 $\overline{X}$ 来构造置信区间. 根据 6.2 节的定理 6.2.1, 点估计量 $\overline{X}\sim N\left(\mu,\dfrac{\sigma^2}{n}\right)$, 因而有

$$\frac{\overline{X}-\mu}{\sigma/\sqrt{n}}\sim N(0,1),$$

$$P\left\{-z_{\alpha/2}<\frac{\overline{X}-\mu}{\sigma/\sqrt{n}}<z_{\alpha/2}\right\}=1-\alpha.$$

即

$$P\left\{\overline{X}-z_{\alpha/2}\frac{\sigma}{\sqrt{n}}<\mu<\overline{X}+z_{\alpha/2}\frac{\sigma}{\sqrt{n}}\right\}=1-\alpha.$$

这里 $z_{\alpha/2}$ 表示标准正态分布的 $\alpha/2$ 上侧分位数. 那么参数 μ 的 $100(1-\alpha)\%$ 置信区间为

$$\left(\overline{x}-z_{\alpha/2}\frac{\sigma}{\sqrt{n}},\overline{x}+z_{\alpha/2}\frac{\sigma}{\sqrt{n}}\right),$$

如图 7.2 所示. 置信区间的中心是点估计 $\bar{x}$, 长度 $2z_{\alpha/2}\dfrac{\sigma}{\sqrt{n}}$ 决定了估计精度. 置信度是一个主观量, 置信度越高, α 越小, 分位数 $z_{\alpha/2}$ 越大, 置信区间越长 (即精度越低), 所以置信度与精度要合理平衡. 置信度通常取为 90%, 95%, 99% 等. 对于给定的置信度 (如 95%), 精度由两个量决定, 其一是总体的方差 σ^2, 这是一个客观存在的不可控量; 其二是样本容量 n, 随着 n 增大, 置信区间的长度按 $\sqrt{n}$ 比例缩小. 也就是说, 当样本数据量增加 4 倍, 置信区间的长度大约缩减一半.

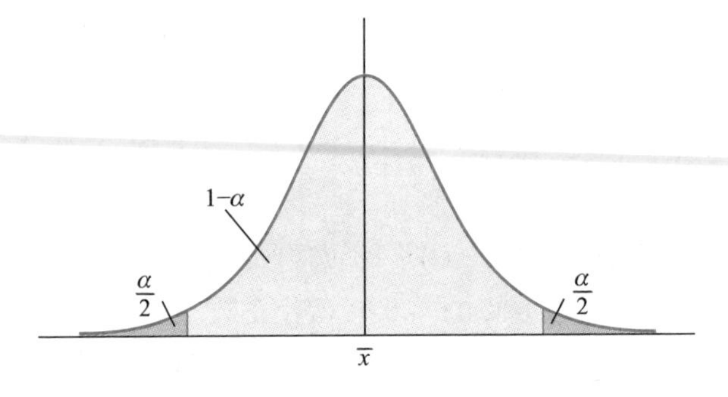

图 7.2　正态总体均值的置信区间

例 7.2.1　设值为 μ 的一个信号由 A 点发送, 而在 B 点接收到的值服从均值为 μ、方差为 4 的正态分布, 即发送 μ, 收到的是 $\mu+N$, 这里的噪声 N 服从均值为 0、方差为 4 的正态分布. 为消除误差, 假设发送 9 次相同的数值. 如果接收到的数值依次为 5, 8.5, 12, 15, 7, 9, 7.5, 6.5 和 10.5, 求 μ 的 95% 置信区间.

解　由题意总体是正态分布, 且已知 $\sigma^2=4$. 计算得 $\overline{x}=9$. 这里 $\alpha=0.05, z_{\alpha/2}=1.96$. 则可以得到 μ 的 95% 置信区间为

$$\left(\overline{x}-z_{\alpha/2}\frac{\sigma}{\sqrt{n}},\overline{x}+z_{\alpha/2}\frac{\sigma}{\sqrt{n}}\right)=\left(9-1.96\times\frac{2}{3},9+1.96\times\frac{2}{3}\right)=(7.69,10.31)$$

因此, 我们有 95% 的把握认为所发送的真实值介于 7.69 与 10.31 之间. □

“95% 置信区间” 的说法可能使人有点迷惑. 应该注意的是, 我们并没有说 $\mu\in\left(\overline{x}-1.96\dfrac{\sigma}{\sqrt{n}},\overline{x}+1.96\dfrac{\sigma}{\sqrt{n}}\right)$ 的概率为 0.95, 因为其中并没有随机变量. 它

的实际意义是: 在得到数据前, 我们可以断言该区间包含 μ 的概率为 0.95, 而在得到数据之后, 我们有 95% 的信心认定该区间包含 μ.

例 7.2.2 已知一批产品的长度指标 $X \sim N(\mu, 0.5^2)$, 问至少应抽取多大容量的样本, 才能使 μ 的置信度为 95% 的置信区间的长度不大于 0.1?

解 样本容量为 n 时, μ 的 95% 置信区间为

$$\left(\overline{x} - 1.96\frac{\sigma}{\sqrt{n}}, \overline{x} + 1.96\frac{\sigma}{\sqrt{n}}\right),$$

其中 $\sigma = 0.5$. 置信区间的长度为 $2 \times 1.96\frac{\sigma}{\sqrt{n}} = \frac{1.96}{\sqrt{n}}$. 由

$$\frac{1.96}{\sqrt{n}} \leqslant 0.1,$$

解得 $n \geqslant 19.6^2 = 384.16$, 因此样本容量至少应为 385. □

7.2.2 方差未知时正态总体均值的区间估计

现在设 $X_1, \cdots, X_n$ 来自均值 μ 和方差 σ^2 都未知的正态分布, 我们希望给出 μ 的 $100(1-\alpha)\%$ 置信区间. 既然 σ 未知, 我们不能利用 $\sqrt{n}(\overline{X} - \mu)/\sigma$ 来构造置信区间, 但是根据推论 6.2.1 可知统计量

$$\frac{\overline{X} - \mu}{S/\sqrt{n}} \sim t(n-1).$$

由 t 分布的对称性, 对任意的 $\alpha \in (0,1)$, 我们有

$$P\left\{-t_{\alpha/2}(n-1) < \frac{\overline{X} - \mu}{S/\sqrt{n}} < t_{\alpha/2}(n-1)\right\} = 1 - \alpha,$$

等价地有

$$P\left\{\overline{X} - t_{\alpha/2}(n-1)\frac{S}{\sqrt{n}} < \mu < \overline{X} + t_{\alpha/2}(n-1)\frac{S}{\sqrt{n}}\right\} = 1 - \alpha,$$

因此在方差未知情形下, 总体均值 μ 的 $100(1-\alpha)\%$ 置信区间为

$$\left(\overline{x} - t_{\alpha/2}(n-1)\frac{s}{\sqrt{n}}, \overline{x} + t_{\alpha/2}(n-1)\frac{s}{\sqrt{n}}\right).$$

这个结果与方差已知情形近似, 但总体标准差 σ 换成了样本标准差 s, 同时标准正态分布换成了 t 分布.

例 7.2.3　重新考虑例子 7.2.1. 现在假设在 A 处发出数值 μ、而 B 处接收到的数值服从均值 μ 和方差 σ^2 均未知的正态分布. 用例 7.2.1 中连续接收到的 9 个数计算 μ 的 95% 置信区间.

解　计算得到 $\overline{x}=9, s^2=9.5, s=3.082$. 因 $n=9, \alpha=0.05, t_{\alpha/2}(n-1)=2.306$, 则 μ 的 95% 置信区间为

$$\left(9-2.306\times\frac{3.082}{3}, 9+2.306\times\frac{3.082}{3}\right)=(6.63, 11.37).$$

可见, 这个区间要比方差已知时的区间要宽. 原因有两个: 其一是因为这里 s 比 σ 大, 其二是因为分位数 $t_{\alpha/2}(n-1)$ 大于 $z_{\alpha/2}$. □

7.2.3　大样本情形总体均值的区间估计

对于非正态总体, 样本容量 n 足够大时 (如 $n\geqslant 30$), 根据第 6 章的中心极限定理, 无论总体是什么分布, 样本均值 $\overline{X}$ 都近似服从正态分布, 参数 μ 的 $100(1-\alpha)\%$ 近似置信区间为

$$\left(\overline{x}-z_{\alpha/2}\frac{\sigma}{\sqrt{n}}, \overline{x}+z_{\alpha/2}\frac{\sigma}{\sqrt{n}}\right).$$

如果 σ 未知, 可以利用它的相合估计量近似计算. 例如, 根据大数定律, 样本标准差 s 与总体标准差 σ 近似相等. 如果 σ 未知, 就用样本标准差 s 代替.

例 7.2.4　为了调查智能手机各主要品牌在大学生用户中的市场占有率, 随机抽取了 1600 名在读大学生, 调查结果表明其中 320 位使用 M 品牌的手机. 试求 M 品牌手机在大学生用户市场占有率的点估计和区间估计 (置信度为 95%).

解　设 M 品牌手机市场占有率为 p, 那么该问题的总体服从均值为 p 的伯努利分布. 样本

$$X_i=\begin{cases}1, & \text{大学生}i\text{使用 M 品牌手机}, \\ 0, & \text{否则},\end{cases}\quad i=1,2,\cdots,n,\quad n=1600.$$

这是一个大样本非正态总体的均值估计问题. 根据例 7.1.2, p 的无偏估计和最大似然估计均为

$$\hat{p}=\overline{x}=\frac{320}{1600}=0.2.$$

而样本标准差

$$s=\sqrt{\frac{1}{n-1}(320-n\times 0.2^2)}\approx\sqrt{\hat{p}(1-\hat{p})}=0.4.$$

由于 σ 未知, 用 s 代替计算, 得到 p 的 95% 近似置信区间

$$\left(0.2-1.96\times\frac{0.4}{\sqrt{1600}},0.2+1.96\times\frac{0.4}{\sqrt{1600}}\right)=(0.18,0.22).$$

区间估计的补充知识

所以, 有 95% 的把握认为 M 品牌手机在大学生用户市场占有率在 18% 到 22% 之间. □

本节的结果汇总在表 7.1 中.

表 7.1 总体均值的 $100(1-\alpha)\%$ 置信区间

假设条件	置信区间
正态总体, σ^2 已知	$\left(\overline{x}-z_{\alpha/2}\frac{\sigma}{\sqrt{n}},\overline{x}+z_{\alpha/2}\frac{\sigma}{\sqrt{n}}\right)$
正态总体, σ^2 未知	$\left(\overline{x}-t_{\alpha/2}(n-1)\frac{s}{\sqrt{n}},\overline{x}+t_{\alpha/2}(n-1)\frac{s}{\sqrt{n}}\right)$
大样本, σ^2 已知	$\left(\overline{x}-z_{\alpha/2}\frac{\sigma}{\sqrt{n}},\overline{x}+z_{\alpha/2}\frac{\sigma}{\sqrt{n}}\right)$
大样本, σ^2 未知	$\left(\overline{x}-z_{\alpha/2}\frac{s}{\sqrt{n}},\overline{x}+z_{\alpha/2}\frac{s}{\sqrt{n}}\right)$

习题

1. 设 X_1,X_2,X_3 为正态总体 $N(\mu,\sigma^2)$ 的样本, 其中 μ,σ^2 均未知. 问估计量 $\hat{\mu}_1=\frac{1}{5}X_1+\frac{3}{10}X_2+\frac{1}{2}X_3$ 和 $\hat{\mu}_2=\frac{1}{3}X_1+\frac{1}{4}X_2+\frac{1}{6}X_3$ 是否为 μ 的无偏估计?

2. 设 $X_1,\cdots,X_n$ 为来自均值等于 θ 的未知总体. 问常数 $c_i,i=1,2,\cdots,n$ 满足什么条件时, 形如 $\sum\limits_{i=1}^{n}c_iX_i$ 的估计量是 θ 的无偏估计?

3. 已知 $\hat{\theta}$ 是 θ 的无偏估计量, 且 $D(\hat{\theta})\neq 0$. 证明: $\hat{\theta}^2$ 不是参数 θ^2 的无偏估计量.

4. 设总体服从均值 λ 未知的泊松分布. 令 $X_1,\cdots,X_n$ 为样本, 求 λ 的最大似然估计量, 并分析它是否为无偏估计量.

5. 设总体服从参数为 λ 的指数分布, 其中 λ 未知. 令 $X_1,\cdots,X_n$ 为样本, 求 λ 的最大似然估计量, 并分析是否为无偏估计?

6. 设 $X_1,\cdots,X_n$ 为正态总体 $N(\mu,\sigma^2)$ 的样本, 其中 μ 已知, σ^2 未知. 给出 σ^2 的最大似然估计量, 并分析它是否为无偏估计量.

7. 设总体 $X\sim B(N,p)$, N 为已知数, p 未知, $X_1,\cdots,X_n$ 为样本, 求 p 的最大似然估计量.

8. ★ 设总体的概率密度函数为

$$f(x)=\begin{cases}\mathrm{e}^{-(x-\theta)}, & x\geqslant\theta,\\ 0, & \text{其他},\end{cases}$$

令 $X_1,\cdots,X_n$ 为样本, 试求 θ 的最大似然估计量.

9. 设 $X_1,\cdots,X_n$ 来自均值为 μ_1 的正态总体; $Y_1,\cdots,Y_n$ 来自均值为 μ_2 的正态总体; $W_1,\cdots,W_n$ 来自均值为 $\mu_1+\mu_2$ 的正态总体. 假设这 $3n$ 个随机变量具有相同的方差, 且相互独立. 试求 μ_1 和 μ_2 的最大似然估计量.

10. 某厂生产滚珠, 已知滚珠直径服从正态分布, 从某天产品中随机抽取 6 只, 量得直径 (单位: mm) 分别为 14.6, 15.1, 14.9, 14.8, 15.2, 15.1. 如果该天生产的滚珠直径的方差为 0.05 (单位: mm^2), 求直径均值的 95% 置信区间.

11. 一个电子秤给出的读数为真实重量加上一个随机误差, 该误差是均值为 0 mg, 标准差为 0.1 mg 的正态分布. 假设同一个物体的连续 5 次测量的结果为: 3.142, 3.163, 3.155, 3.150, 3.141.

(1) 确定真实重量的 95% 置信区间;

(2) 确定真实重量的 99% 置信区间.

12. 已知 $X_1,\cdots,X_n,X_{n+1}$ 来自正态总体, 其均值 μ 未知、方差为 1. 令 $\overline{X_n}=\sum\limits_{i=1}^{n}\dfrac{X_i}{n}$ 为前 n 个随机变量的平均值.

(1) $X_{n+1}-\overline{X_n}$ 的分布是什么?

(2) 若 $\overline{X_n}=4$, 在 90% 的置信度下, 给出包含 X_{n+1} 的区间.

13. 在一次 "概率论与数理统计" 课程的测验后, 抽取 9 位学生的分数, 计算得平均成绩为 75 分, 标准差为 10.5 分. 假设学生成绩服从正态分布, 求平均成绩的 90% 置信区间.

14. 为考察某大学男生的胆固醇水平, 现抽取样本容量为 25 人的一个样本, 并测得样本均值为 186, 样本方差为 144. 假定胆固醇水平服从正态分布, 求总体均值的 90% 置信区间.

15. 冷抽铜丝的折断力服从正态分布 $N(\mu, \sigma^2)$. 从一批铜丝中抽取 10 根, 试验测得折断力数据 (单位: kg)为: $578, 572, 570, 568, 572, 570, 570, 569, 584, 572$. 求 μ 的 95% 置信区间.

16. 随机抽取 300 个中国银行信用卡持有人账户, 发现他们的平均债务为 1920 元, 而样本的标准差为 840 元. 给出所有中国银行信用卡持有人平均债务的 95% 置信区间.

17. 对 200 个有肺癌的患者进行观察, 发现有 128 人在 5 年内死亡. 估计一个感染肺癌的人在 5 年内死亡的概率和这个概率的 95% 的置信区间.

18. 航空公司希望确定顾客中商务飞行的比例. 若他们希望在 90% 的置信度下把估计的误差控制在 1% 内, 则应选择多大的样本容量?

19. 研究第 1 章例 1.0.2 第 (2) 小题的参数估计问题.

第 7 章补充例题与习题

第 8 章
假设检验

8.1 假设检验的基本概念

在第 7 章中, 我们学习了怎样利用观测样本来估计总体的某些未知参数的值. 在实际应用中, 我们常常会遇到另一类统计推断问题.

例如, 某茶叶公司设定的产品规格为净重 100 g, 包装机误差服从标准差为 $\sigma = 3$ g 的正态分布. 有消费者举报产品的包装量不足分量, 为检验茶叶的包装量是否正常, 随机抽取了 9 包产品, 称得其净重为 (单位: g):

$$98,\ 101,\ 103,\ 98,\ 97,\ 96,\ 102,\ 95,\ 101.$$

通过计算得样本均值 $\bar{x} = 99$ g, 按第 7 章的理论, 我们应估计包装量的均值为 99 g, 低于 100 g. 但是否可以就凭这 1 g 的差异认为产品的包装量不足分量呢? 似乎还不能这么武断. 因为即使产品是合格的, 也会由于下列两方面原因造成这样的差异. 一方面, 包装机客观上存在误差, 即使其包装量的期望确实为 100 g 以上, 也不能指望每包都不低于 100 g. 另一方面, 随机抽取的 9 包产品样本具有偶然性, 这次抽取的 9 包可能偏低, 再抽一次, 另外 9 包的均值可能就不一样了. 那么, 这 1 g 的差异在随机误差允许的范围之内, 还是产品的包装量不足份额引起的? 为了合理地回答这一类问题, 我们先看一个启发性的例子.

例 8.1.1 已知盒中有 100 个球, 一部分是白球, 其余是黑球, 但具体比例未知.

(1) 庄家声称白球和黑球的比例为 90:10. 现从中取两个球, 发现都是黑球. 你能拒绝相信庄家的说法吗?

(2) 庄家声称白球和黑球的比例为 55:45. 现从中取两个球, 发现都是黑球. 你能拒绝相信庄家的说法吗?

解 由于随机取出两个球都是黑球, 直接的推断应该是白球比黑球少, 这与庄家的两种说法都不符合, 但也不能简单地因此拒绝相信庄家的说法. 例如, 一枚均匀硬币正面出现的概率是 0.5, 如果我们将硬币抛 10 次, 发现正面出现 4 次, 不能因此就拒绝相信这枚硬币是均匀的. 其实均匀硬币抛 10 次时正好出现 5 次正面的概率只有 $\mathrm{C}_{10}^{5}0.5^{10}<0.25$.

我们这样来考虑问题: 如果庄家说了真话, "两个都是黑球" 这一现象发生的可能性多大?

(1)

$$P\{\text{两个都是黑球}|\text{庄家说的 “90:10” 是真话}\}=\frac{10\times 9}{100\times 99}\approx 0.01.$$

这个概率很小. 这相当于 100 张彩票中 99 张有奖, 只有 1 张没有奖, 你随机摸 1 张, 发现没有奖, 这也太奇怪了吧! 肯定有诈! 理智的推测是: 庄家撒了谎, 我们应该拒绝庄家 "90:10" 的说法.

(2)

$$P\{\text{两个都是黑球}|\text{庄家说的 “55:45” 是真话}\}=\frac{45\times 44}{100\times 99}\approx 0.20.$$

尽管这个概率也不大, 但不算很离奇. 这相当于 5 张彩票中 4 张有奖, 只有 1 张没有奖, 你随机摸 1 张, 发现没有奖, 可能就是运气不好, 还是可以接受的. 这样, 我们不能拒绝庄家 "55:45" 的说法. □

上述例子中的这类问题称为假设检验问题. 它的最终目的是判断我们应该拒绝还是接受关于未知总体的某一假设. 我们把这个假设叫做原假设或零假设, 用 H_0 表示; 而把与之相反的假设称为对立假设或备择假设, 用 H_1 表示. 在例 8.1.1 中,

$$\text{原假设 } H_0: \text{庄家说了真话}, \quad \text{备择假设 } H_1: \text{庄家撒了谎}.$$

假设检验的基本原理是所谓小概率事件原理: 在一次试验中, 小概率事件实际上几乎是不会发生的. 什么是小概率? 这依据一个主观性的指标 α, 发生概

率不大于 α 的事件就被认为是小概率事件. 通常取 $\alpha = 0.01, 0.05, 0.1$ 等. 在例 8.1.1 (1) 中, 如果庄家说了真话, “两个都是黑球” 的概率为 0.01, 是一个小概率事件, 它在一次试验中应该不会发生, 但它居然发生了, 所以我们就有理由认为庄家说了假话. 而在例 8.1.1 (2) 中, 如果庄家说了真话, “两个都是黑球” 的概率为 0.2, 不是小概率事件, 还不足以拒绝 “庄家说了真话” 这一假设.

假设检验问题的解决就是找一个准则, 当我们从总体中取得随机样本值以后可以依据该准则来判断应该拒绝还是接受原假设. 最常见的做法是, 在样本空间定义一个区域, 称为拒绝域. 当样本观测值落入这个拒绝域, 我们就拒绝 H_0, 否则就接受 H_0. 拒绝域的构造是解决问题的关键. 其方法是: 假定 H_0 为真, 把那些明显与 H_0 不符的样本点归入拒绝域, 并使得拒绝域恰好构成一个小概率事件, 即满足

$$P\{\text{样本观测值落入拒绝域}|H_0\ \text{为真}\} = \alpha. \tag{8.1.1}$$

在实际应用中, 我们往往通过定义一个检验统计量将高维样本空间上的拒绝域映射到一维空间上的区间, 这样拒绝域边界的划分就简化为临界值的确定, 所以这个方法也称为临界值判别法. 在例 8.1.1 (1) 中, $\alpha = 0.01$, 拒绝域为 “两个都是黑球”, 或者说拒绝域是 “黑球个数的临界值为 2”, 所以既定的推断准则是: 从 100 个球中任取两球, 如果 “两个都是黑球”, 就拒绝 H_0, 否则就接受 H_0.

假设检验的两类错误

必须注意的是, 任何一种检验准则, 都冒着犯两类错误的危险. 第一种情况是: 当 H_0 为真时, 检验准则拒绝了 H_0, 称为第一类错误或弃真错误; 第二种情况是: 当 H_0 不真时, 检验准则接受了 H_0, 称为第二类错误或纳伪错误.

原假设与备择假设的地位是不对等的. 在法庭上, 有一个保护被告原则 (或称为无罪推定原则): 除非有充分证据显示被告有罪, 否则就判被告无罪 (即, 谨慎判被告有罪). 在统计上, 也有一个保护原假设原则: 除非数据显著与原假设不符合, 否则就得接受原假设 (即, 谨慎拒绝原假设). 根据保护原假设原则, 第一类错误的危害较大, 设计拒绝域时我们主要是控制犯第一类错误的危险到一个较低水平 α, 所以 α 也被称为显著性水平. 这是拒绝域构造公式 (8.1.1) 的另一层含义.

拒绝域的划定依赖于显著性水平 α, α 越小拒绝域越小, 越倾向于接受原假

设. 临界值判别法的替代方法是所谓 p 值判别法, p 值是在原假设为真的前提下, 样本观测值与原假设偏离程度的度量, 定义为当前偏离值出现概率的大小. p 值越小, 说明样本显得越离奇, 越倾向于拒绝原假设. 当我们得到了一组样本观测值的 p 值, 就不用关注拒绝域的具体意义. 作统计推断时, 只需要将 p 值与显著性水平作简单比较即可. 当 $p \leqslant \alpha$ 时, 拒绝原假设; 否则 $p > \alpha$ 时, 接受原假设. 所以 p 值法使用起来更简便, 是统计软件中普遍采用的做法.

在例 8.1.1 (1) 中, “两个都是黑球” 这一样本观测值的 p 值为

$$P\{\text{两个都是黑球}|\text{庄家说的 “90:10” 是真话}\} \approx 0.01.$$

对于常用的显著性水平 $\alpha = 0.01$ (或 0.05, 或 0.1), 有 $p \leqslant \alpha$, 所以结论都是 “拒绝原假设”. 但是如果 $\alpha = 0.005$, 则有 $p > \alpha$, 结论就变成 “接受原假设” 了. 而在例 8.1.1 (2) 中, 这个 p 值为

$$P\{\text{两个都是黑球}|\text{庄家说的 “55:45” 是真话}\} \approx 0.20.$$

对于常用的显著性水平 $\alpha = 0.01$ (或 0.05, 或 0.1), 有 $p > \alpha$, 所以结论都是 “接受原假设”. 但是如果 $\alpha = 0.25$ (很少会取这么大的 α), 则有 $p < \alpha$, 结论就变成 “拒绝原假设” 了.

应该指出, 统计上拒绝某一假设或者接受某一假设并不能理解为我们推翻或者证明了某一论断. “拒绝原假设” 是一个简略的说法, 其确切含义是: “这组样本数据与原假设明显不符, 使我们有足够的理由否定原假设的真实性”; 而 “接受原假设” 的含义则更弱, 甚至并不表示我们相信原假设, 只是说: “这组样本数据不足以否定原假设” 而已.

8.2 总体均值的假设检验

8.2.1 方差已知时正态总体均值的假设检验

假设 $X_1, \cdots, X_n$ 是一个取自正态分布 $N(\mu, \sigma^2)$ 的容量为 n 的样本, 其中均值 μ 未知, 而方差 σ^2 已知. 我们要检验假设

$$H_0: \mu = \mu_0, \quad H_1: \mu \neq \mu_0,$$

这里 μ_0 是给定的常数.

因为样本均值 $\overline{X}$ 是总体均值 μ 的一个好的点估计量, 如果 $\overline{X}$ 离 μ_0 不是太远的话, 接受 H_0 似乎是合理的. 这样, 对适当临界值 c, 检验的拒绝域的形式为

$$R=\{X_1,\cdots,X_n:|\overline{X}-\mu_0|\geqslant c\}, \tag{8.2.1}$$

根据定理 6.2.1,

$$\overline{X}\sim N\left(\mu,\frac{\sigma^2}{n}\right).$$

对于显著性水平 α, 我们要确定 (8.2.1) 式中的临界值 c, 使犯第一类错误的概率等于 α. 也就是说, 必须使得

$$P\{|\overline{X}-\mu_0|\geqslant c|\mu=\mu_0\}=\alpha. \tag{8.2.2}$$

当 $\mu=\mu_0$ 时, $\overline{X}\sim N\left(\mu_0,\dfrac{\sigma^2}{n}\right)$, 定义检验统计量

$$Z=\frac{\overline{X}-\mu_0}{\sigma/\sqrt{n}},$$

则 $Z\sim N(0,1)$. 那么 (8.2.2) 式等价于

$$P\left\{|Z|\geqslant\frac{c}{\sigma/\sqrt{n}}\right\}=\alpha,$$

所以

$$\frac{c}{\sigma/\sqrt{n}}=z_{\alpha/2},$$

或

$$c=\frac{z_{\alpha/2}}{\sqrt{n}}\sigma.$$

因此, 该问题的临界值判别法为

$$\begin{aligned}&\text{如果 }|Z|=\frac{|\overline{X}-\mu_0|}{\sigma/\sqrt{n}}\geqslant z_{\alpha/2},\quad\text{拒绝 }H_0,\\&\text{如果}|Z|=\frac{|\overline{X}-\mu_0|}{\sigma/\sqrt{n}}<z_{\alpha/2},\quad\text{接受 }H_0.\end{aligned} \tag{8.2.3}$$

由于拒绝域在两侧尾部, 很大或很小的 Z 值都会导致拒绝 H_0, 所以这一检验被称为双侧检验. 如图 8.1 所示. 进一步, 样本观测值 $x_1,x_2,\cdots,x_n$ 的双侧 p 值

定义为

$$p = P\left\{|Z| \geqslant \frac{|\overline{x}-\mu_0|}{\sigma/\sqrt{n}}\right\} = 2P\left\{Z \geqslant \frac{|\overline{x}-\mu_0|}{\sigma/\sqrt{n}}\right\}.$$

这里 Z 表示标准正态分布的随机变量 (并不是特指前面定义的检验统计量). 该问题的 p 值判别法为

$$\text{如果 } p \leqslant \alpha,\quad \text{拒绝 } H_0,$$

$$\text{如果 } p > \alpha,\quad \text{接受 } H_0.$$

图 8.2 画出的是 $p > \alpha$ 的情形.

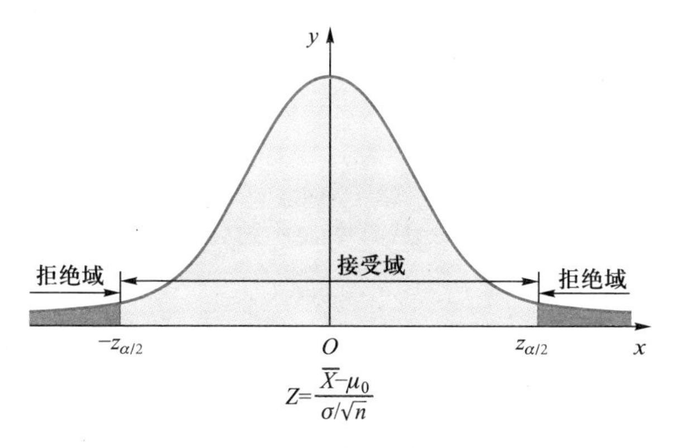

图 8.1 双侧 Z 检验

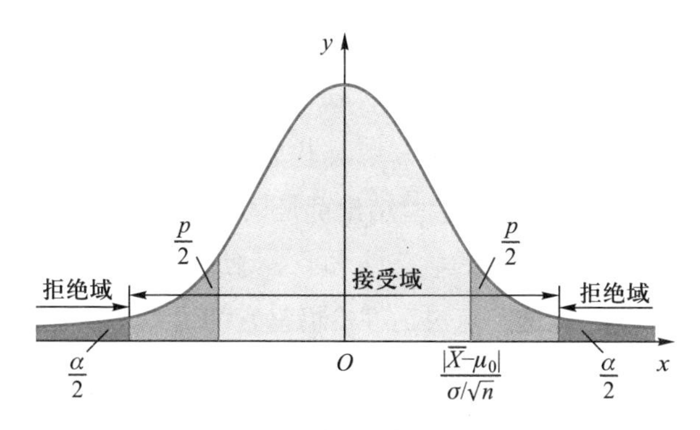

图 8.2 双侧 p 值与拒绝域

例 8.2.1 现在知道由位置 A 发出一个值为 μ 的信号, 在位置 B 接收到的信号服从均值为 μ、标准差为 2 的正态分布, 即随机噪声的信号是一个服从

$N(0,4)$ 的随机变量. 发射方声称今天发射的信号是 μ=7.5. 如果同样的信号共发送 9 次, 在位置 B 接收到的平均值 $\overline{x}=9$. 在显著性水平 0.05 下, 检验这个假设.

解　需要检验假设:

$$H_0:\mu=\mu_0,\quad H_1:\mu\neq\mu_0,$$

$\mu_0=7.5, n=9, \sigma=2, \bar{x}=9$, 计算检验统计量

$$|Z|=\frac{|\overline{x}-\mu_0|}{\sigma/\sqrt{n}}=2.25,$$

由 $\alpha=0.05$, 得 $z_{\alpha/2}=1.96$. 这样

$$|Z|\geqslant z_{\alpha/2}=1.96.$$

所以应该拒绝原假设. 换句话说, 数据明显不符合发射的信号是 μ=7.5 这一说法. □

显著性水平 0.05 是一个主观性的量, 在例 8.2.1 中, 如果 $\alpha=0.01$, 得 $z_{\alpha/2}=2.57$. 这时 $|Z|<z_{\alpha/2}$, 结论是相反的, 检验结论是接受原假设. 这是因为当 $\alpha=0.01$ 时, 拒绝域变小了, 更倾向于接受原假设. 我们也可以计算它的双侧 p 值

$$p=2P\left\{Z\geqslant\frac{|\overline{x}-\mu_0|}{\sigma/\sqrt{n}}\right\}=2P\{Z\geqslant 2.25\}=2[1-\Phi(2.25)]=0.0244.$$

可见, 当显著性水平 $\alpha\geqslant 0.0244$ 时, $p\leqslant\alpha$, 检验结论都是拒绝原假设. 但是当显著性水平 $\alpha<0.0244$ 时, $p>\alpha$, 检验结论都是接受原假设.

假设检验并没有采用统一的显著性水平 α, 使得统计推断没有唯一的结论, 也许会让人感到困惑. 但这一点灵活性恰恰是它的优点. 采用多大的显著性水平, 应视具体情况而定. 例如, 一旦错误地拒绝原假设 H_0 将导致巨大的损失, 这时我们可能选择相对保守的显著性水平 0.05 或 0.01; 反之, 如果我们认为 H_0 的正确性需要严格审视, 就可以设定一个较高的显著性水平 0.1 来使得 H_0 更易被拒绝. 当然如果 p 值很小, 比如小于 0.001, 我们就不用考虑显著性水平了, 总是拒绝原假设; 反之, 如果 p 值很大, 比如大于 0.5, 那么总是接受原假设.

我们来进一步分析影响假设检验结果的因素. 当然最关键的是样本均值与总体均值的误差 $|\overline{X}-\mu_0|$, 如果这个值为 0, 毫无疑问应该接受原假设. 但什么样的误差才算足够大呢? 1.5 的误差就算足够大吗? 还有哪些因素影响推断结论? 当然显著性水平 α 是其中一个, 正如我们前面分析的, 当 α 越小时, 更倾向于接受原假设. 除此之外, 还要两个重要因素, 其一是总体方差 σ^2, 在例 8.2.1 中, 如果 $\sigma^2=9$, 计算检验统计量的结果就变成 $|Z|=1.5$, 那么同样在显著性水平 0.05 下, 也会接受原假设. 也就是说, 如果随机噪声的信号更强, 我们就应该容忍更大的样本均值误差. 另一方面, 拒绝域还会受到样本容量的影响, 如果上述样本均值 9 是发送了 16 次信号的计算结果 (总体方差仍为 4), 计算检验统计量的结果就变成 $|Z|=3$, 那么即使在 $\alpha=0.01$ 时, 也要拒绝原假设. 这说明, 当样本容量增大时, 样本均值与总体均值的误差 $|\overline{X}-\mu_0|$ 应该更小, 我们对样本均值误差的容忍度降低了. 总之, 拒绝域的临界值并不是简单地根据误差 $|\overline{X}-\mu_0|$ 来确定, 还要兼顾总体方差, 样本容量和显著性水平等因素.

如果我们把例题 8.2.1 与例 7.2.1 作比较, 会发现两者的结论是相符的. 由例 7.2.1, 均值 μ 在 95% 置信度下位于区间 (7.69, 10.31) 内, 而发射方声称的 μ=7.5 不在这个区间内, 自然应该拒绝原假设. 事实上方差已知时正态总体均值 μ 的 $100(1-\alpha)\%$ 置信区间的意义是

$$P\left\{\overline{X}-z_{\alpha/2}\frac{\sigma}{\sqrt{n}}<\mu<\overline{X}+z_{\alpha/2}\frac{\sigma}{\sqrt{n}}\right\}=1-\alpha.$$

它等价于

$$P\left\{\mu-z_{\alpha/2}\frac{\sigma}{\sqrt{n}}<\overline{X}<\mu+z_{\alpha/2}\frac{\sigma}{\sqrt{n}}\right\}=1-\alpha.$$

当 $H_0:\mu=\mu_0$ 为真, 也就是

$$P\left\{\frac{|\overline{X}-\mu_0|}{\sigma/\sqrt{n}}<z_{\alpha/2}\right\}=1-\alpha.$$

这与接受域的定义完全一致. 由此我们得到下列假设检验问题的置信区间判别法: 若 μ_0 落在 μ 的 $100(1-\alpha)\%$ 的置信区间内, 则在显著性水平 α 下, 对于假设检验

$$H_0:\mu=\mu_0,\quad H_1:\mu\neq\mu_0,$$

应接受原假设, 否则拒绝原假设. 其实临界值判别法、p 值判别法和置信区间判别法定义的拒绝域相同, 所以统计推断的结论是一致的.

现在来考虑 8.1 节开始的茶叶公司产品的包装量问题. 我们会发现前面的判别准则都不适用. 在上述假设检验问题中, 我们采用的拒绝域是双侧的. 也就是说, 当 $\overline{X}-\mu_0$ 是一个很小的值或很大的值时, 都应该拒绝原假设. 如果根据这套理论, 包装量明显高于 100 g 时, 也要认为包装量不足分量. 但在这个问题中, 包装量高对消费者不是坏事, 不能认为公司产品不合标准. 对于这个问题中的假设, 准确的表述是

$$H_0: \mu \geqslant \mu_0, \quad H_1: \mu < \mu_0,$$

其中 μ 是包装量的总体均值, $\mu_0 = 100$. 但是, 由于在构造拒绝域的时候需要用到检验统计量的分布, 此时需取 $\mu=\mu_0$. 所以我们把问题表述为

$$H_0: \mu = \mu_0, \quad H_1: \mu < \mu_0,$$

对于显著性水平 α, 我们要确定临界值 $c>0$, 使犯第一类错误的概率等于 α. 也就是说, 必须使得

$$P\{\overline{X}-\mu_0 \leqslant -c|\mu=\mu_0\} = \alpha. \tag{8.2.4}$$

类似于双侧检验中的分析, 得到拒绝域 (见习题 10)

$$\frac{\overline{X}-\mu_0}{\sigma/\sqrt{n}} \leqslant -z_\alpha,$$

与双侧拒绝域不同的是, 这里的拒绝域全部位于左侧尾部, 所以将这类问题称为左侧检验. 样本观测值 $x_1, x_2, \cdots, x_n$ 的左侧 p 值定义为

$$p = P\left\{Z \leqslant \frac{\overline{x}-\mu_0}{\sigma/\sqrt{n}}\right\},$$

这里 Z 表示标准正态分布的随机变量. 如图 8.3 所示.

茶叶公司产品的包装量问题归结为一个左侧检验问题 (拒绝域在左侧):

$$H_0: \mu \geqslant 100, \quad H_1: \mu < 100,$$

根据样本数据, 计算得 p 值

$$p = P\left\{Z \leqslant \frac{\overline{x}-\mu_0}{\sigma/\sqrt{n}}\right\} = P\{Z \leqslant -1\} = 1-\Phi(1) = 0.1587.$$

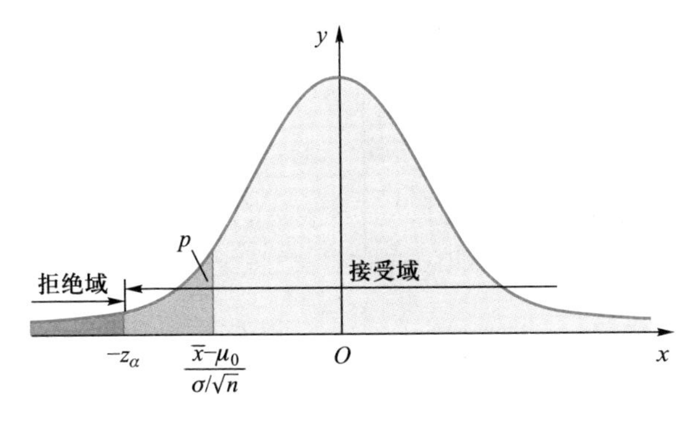

图 8.3 左侧 p 值与拒绝域

这是一个相当大的 p 值, 所以我们接受原假设. 也就是认为 1 g 的误差在随机误差允许的范围之内, 不能就此认为茶叶公司产品的包装量不足 100 g.

不难理解, 还有另一类单侧检验问题. 问题的假设是

$$H_0:\mu\leqslant\mu_0,\quad H_1:\mu>\mu_0,$$

或者表述为

$$H_0:\mu=\mu_0,\quad H_1:\mu>\mu_0,$$

得到的拒绝域

$$\frac{\overline{X}-\mu_0}{\sigma/\sqrt{n}}\geqslant z_\alpha.$$

这里的拒绝域全部位于右侧尾部, 称为右侧检验. 样本观测值 $x_1,x_2,\cdots,x_n$ 的右侧 p 值定义为

$$p=P\left\{Z\geqslant\frac{\overline{x}-\mu_0}{\sigma/\sqrt{n}}\right\},$$

这里 Z 表示标准正态分布的随机变量. 如图 8.4 所示.

例 8.2.2 按照产品质量标准的规定, 每 100 g 的罐头番茄汁中维生素 C 的含量不得少于 21 mg. 现从某公司生产的一批罐头中随机抽取 17 罐, 测得每 100 g 中维生素 C 含量的样本均值 $\bar{x}=20.5$ mg, 设维生素 C 含量测定值 X 服从正态分布 $N(\mu,3.9^2)$, 在显著性水平 0.05 下, 能否认为该批产品的维生素 C 含量是合格的?

解 这个问题的原假设和备择假设是

$$H_0:\mu\geqslant 21,\quad H_1:\mu<21,$$

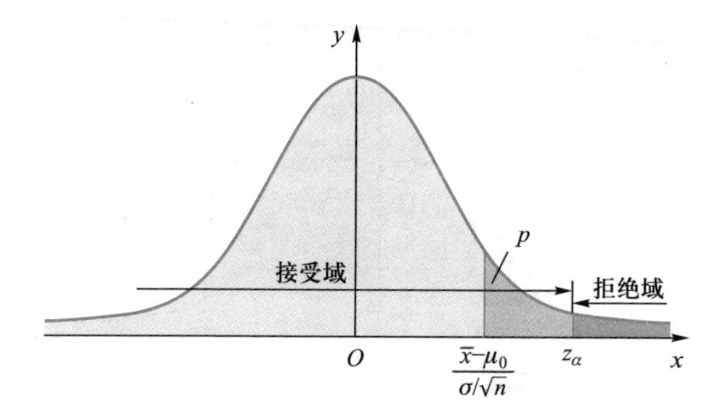

图 8.4 右侧 p 值与拒绝域

这是一个左侧检验问题. 检验统计量的值

$$\frac{\overline{x}-\mu_0}{\sigma/\sqrt{n}}=\frac{20.5-21}{3.9/\sqrt{17}}=-0.529.$$

所以左侧 p 值为

$$p=P\{Z\leqslant -0.529\}=0.2981.$$

这是一个相当大的 p 值, 所以我们接受原假设. 换句话说, 尽管这批数据的均值略微小于 21, 但还是认为是合格产品. □

也许有人会把例 8.2.2 的假设写成

$$H_0:\mu\leqslant 21,\quad H_1:\mu>21.$$

这会导致一个右侧检验问题. 右侧 p 值为

$$p=P\{Z\geqslant -0.529\}=0.7019.$$

这是一个更大的 p 值, 所以结论也是接受原假设. 但是它的实际意义却是完全相反的. 因为这里的原假设的意思是总体均值低于 21, 接受了原假设就是认为产品不合格. 那么到底应该认为产品是合格的还是不合格的呢?

当面临一个假设检验问题时, 识别它属于双侧检验、左侧检验还是右侧检验至关重要. 首先我们要提出一个合理的假设命题, 其关键在于确定备择假设. 一般来说, 双侧检验与单侧检验容易区分, 如果样本均值很大或者很小时都应该拒绝某一假设, 那么就应该属于双侧检验, 否则就是单侧检验. 而左侧检验与右侧检验常常容易混淆, 其区分应根据问题的背景来理解鉴别. 正如 8.1 节提到的, 原假设和备择假设不是对称的, 原假设是受到保护的一方. 拒绝原假设时是 "样本数据明显支持备择假设" 的意思, 然而, 接受原假设只是说 "样本数据没有明显支持备择假设" 而已. 因此, 只有当数据很明显地支持备择假设时, 我们才能拒绝原假设, 否则只能接受原假设. 我们往往可以从下列几个角度来区分检验问题是左侧检验还是右侧检验:

(1) 如果问题陈述中表达了要判断是否 "明显什么什么" 这一层意思, 就应该将其放在备择假设的位置.

(2) 原假设是趋向保守的假设, 如果没有任何数据, 我们承认的状态应属于原假设. 这正如 "被告无罪 (原假设)" 是不需要举证的, 而 "被告有罪 (备择假设)" 则需要拿出充分的证据才行. 在 "合格" 与 "不合格" 这类问题中, "合格" 往往为原假设,"不合格" 为备择假设, 而在技术革新这类问题中, "新技术没有较好" 往往为原假设, "新技术较好" 往往为备择假设. 只有当新技术明显比老技术好, 我们才应该换成新技术, 因为换新技术是要花费成本的.

(3) 比较 $\overline{x}$ 与 μ_0 的大小. 如果 $\overline{x} > \mu_0$, 而备择假设为 $\mu < \mu_0$, 两者肯定不符, 也就不需要那么细致的计算 (这时的 p 值必大于 0.5), 结论一定是接受原假设, 这样的假设检验问题没有多大实际意义. 假设检验的核心价值在于检验差异的显著性. 首先, 样本数据要表现出不同于原假设 (或者说与备择假设相符) 的差异. 如果差异较小, 或许仅仅是随机抽样误差造成的, 不具有实质意义, 而当差异很显著, 就不可能是完全由随机误差造成的, 就具有了统计上的显著性, 从而拒绝原假设. 所以, 当 $\overline{x} > \mu_0$, 备择假设合理的提法是右侧检验 $\mu > \mu_0$ 或双侧检验 $\mu \neq \mu_0$, 这时尽管数据有了备择假设代表的那种差异性, 但也许这样的差异仅仅是随机抽样误差造成的假象, 我们需要通过计算检验统计量的值来看这样的差异是否大到了足以拒绝原假设的程度. 类似地, 当 $\overline{x} < \mu_0$, 备择假设合理的提法是左侧检验 $\mu < \mu_0$ 或双侧检验 $\mu \neq \mu_0$.

在例 8.2.2 中, 只有当这家公司产品的维生素 C 含量明显低于 21 mg 时, 我们才认为产品不合格. 所以, 我们应该将 "μ 低于 21" 作为备择假设 H_1, 而不是作为原假设 H_0.

例 8.2.3 某工厂生产的固体燃料推进器的燃烧率服从正态分布 $N(\mu, \sigma^2)$,

$\mu = 40$ cm/s, $\sigma = 2$ cm/s. 现在用新方法生产了一批推进器, 从中随机地抽取 $n = 25$ 只, 测得燃烧率的样本均值为 $\overline{x} = 41.25$ cm/s. 设在新方法下总体的标准差仍为 $\sigma = 2$ cm/s. 问这批推进器的燃烧率是否较以往生产的推进器的燃烧率有显著提高?

解 根据题意, 提出假设检验

$$H_0 : \mu \leqslant \mu_0 = 40, \quad H_1 : \mu > \mu_0,$$

这是右侧检验问题. 检验统计量的值是

$$\frac{\overline{x} - \mu_0}{\sigma/\sqrt{n}} = \frac{41.25 - 40}{2/\sqrt{25}} = 3.125,$$

右侧 p 值为

$$p = P\{Z \geqslant 3.125\} = 1 - \Phi(3.125) = 0.0009,$$

由于 p 值很小, 应拒绝原假设 H_0. 也就是说, 可以认为这批推进器的燃烧率较以往有显著提高. □

表 8.1 对这一节的检验方法做了一个总结.

表 8.1 总体 $N(\mu, \sigma^2)$, σ^2 已知时, 均值 μ 的 Z 检验

H_0	H_1	检验统计量 TS	显著性水平 α 下检验法	$TS=t$ 时的 p 值
$\mu = \mu_0$	$\mu \neq \mu_0$	$\sqrt{n}(\overline{X} - \mu_0)/\sigma$	$\|TS\| \geqslant z_{\alpha/2}$ 时, 拒绝 H_0	$2P\{Z \geqslant \|t\|\}$
$\mu \geqslant \mu_0$	$\mu < \mu_0$	$\sqrt{n}(\overline{X} - \mu_0)/\sigma$	$TS \leqslant -z_\alpha$ 时, 拒绝 H_0	$P\{Z \leqslant t\}$
$\mu \leqslant \mu_0$	$\mu > \mu_0$	$\sqrt{n}(\overline{X} - \mu_0)/\sigma$	$TS \geqslant z_\alpha$ 时, 拒绝 H_0	$P\{Z \geqslant t\}$

8.2.2 方差未知时正态总体均值的假设检验

假设 $X_1, \cdots, X_n$ 是一个取自正态分布 $N(\mu, \sigma^2)$ 的容量为 n 的样本, 其中均值 μ, 方差 σ^2 均未知. 我们要检验假设

$$H_0 : \mu = \mu_0, \quad H_1 : \mu \neq \mu_0,$$

这里 μ_0 是指定的常数.

类似于上一小节, 当 $\overline{X}$ 偏离 μ_0 较大时, 我们应该拒绝原假设 H_0. 但是现在方差 σ^2 未知, 原来使用的统计量

$$\frac{\overline{X}-\mu_0}{\sigma/\sqrt{n}}$$

无法计算. 合理的做法是将总体标准差 σ 换成样本标准差 S, 定义统计量

$$T=\frac{\overline{X}-\mu_0}{S/\sqrt{n}}.$$

根据第 6 章的推论 6.2.1, $\mu=\mu_0$ 时, $T\sim t(n-1)$. 所以,

$$P\{|T|\geqslant t_{\alpha/2}(n-1)\}=\alpha, \tag{8.2.5}$$

这里 $t_{\alpha/2}(n-1)$ 是自由度为 $n-1$ 的 t 分布的 $\alpha/2$ 上侧分位数. 从而当 σ^2 未知时, 关于均值 μ 的双侧检验的临界值判别法是

$$\begin{aligned}&\text{当}\ \left|\frac{\overline{X}-\mu_0}{S/\sqrt{n}}\right|\geqslant t_{\alpha/2}(n-1)\ \text{时,拒绝}\ H_0,\\&\text{当}\ \left|\frac{\overline{X}-\mu_0}{S/\sqrt{n}}\right|< t_{\alpha/2}(n-1)\ \text{时,接受}\ H_0.\end{aligned} \tag{8.2.6}$$

图 8.5 是其图形化说明. 相应地, 样本观测值 $x_1,x_2,\cdots,x_n$ 的双侧 p 值定义为

$$p=2P\left\{T_{n-1}\geqslant\frac{|\overline{x}-\mu_0|}{s/\sqrt{n}}\right\}.$$

这里 T_{n-1} 表示自由度为 $n-1$ 的 t 分布的随机变量. 对于显著性水平 α, 当 $p\leqslant\alpha$ 时, 拒绝原假设; 否则 $p>\alpha$ 时, 接受原假设.

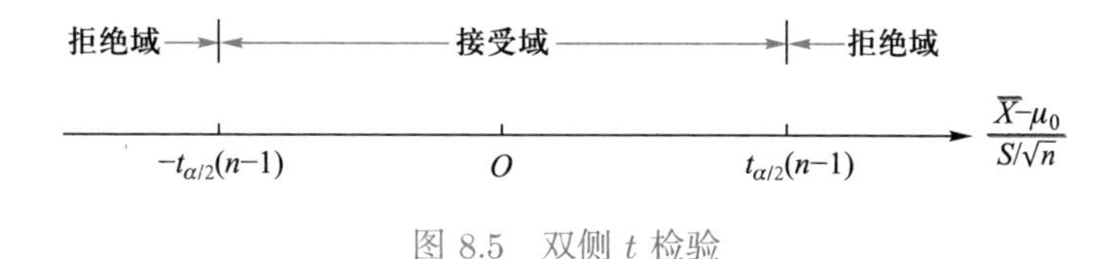

图 8.5 双侧 t 检验

对于单侧检验, 也有类似的结果. 表 8.2 汇总了这个小节的检验方法.

表 8.2　总体 $N(\mu,\sigma^2)$, σ^2 未知时, 均值 μ 的 t 检验

H_0	H_1	检验统计量 TS	显著性水平 α 下检验法	$TS=t$ 时的 p值
$\mu=\mu_0$	$\mu\neq\mu_0$	$\sqrt{n}(\overline{X}-\mu_0)/S$	当 $\lvert TS\rvert\geqslant t_{\alpha/2}(n-1)$ 时, 拒绝 H_0	$2P\{T_{n-1}\geqslant\lvert t\rvert\}$
$\mu\geqslant\mu_0$	$\mu<\mu_0$	$\sqrt{n}(\overline{X}-\mu_0)/S$	当 $TS\leqslant -t_\alpha(n-1)$ 时, 拒绝 H_0	$P\{T_{n-1}\leqslant t\}$
$\mu\leqslant\mu_0$	$\mu>\mu_0$	$\sqrt{n}(\overline{X}-\mu_0)/S$	当 $TS\geqslant t_\alpha(n-1)$ 时, 拒绝 H_0	$P\{T_{n-1}\geqslant t\}$

例 8.2.4　某厂生产灯泡, 在正常情况下灯泡寿命服从正态分布, 现在从某天生产的灯泡中随机抽取 20 个进行寿命测试, 由测试结果算得: $\overline{x}=1960$ (单位: h), $s=200$, 在显著性水平 $\alpha=0.05$ 下, 判断该天生产的灯泡寿命是否达到规定的标准 2000 h?

解　产品合格标准 $\mu_0=2000$, 如果样本均值很大, 不应认为不合格 (寿命越长越好), 我们需要检验

$$H_0:\mu\geqslant 2000,\quad H_1:\mu<2000,$$

这是左侧检验. 已知总体 $X\sim N(\mu,\sigma^2)$. 由于 σ^2 未知, 因此采用 t 分布统计量

$$T=\frac{\overline{X}-\mu_0}{S/\sqrt{n}},$$

检验统计量的观测值为

$$T=\frac{1960-2000}{200/\sqrt{20}}=-0.894.$$

由于这个数值大于临界值 $-t_{0.05}(19)=-1.729$, 这样, 在 0.05 的显著性水平下, 接受原假设 H_0, 认为产品是达到标准的. 事实上, 这个检验数据的 p 值为

$$p=P\{T_{19}\leqslant -0.894\}=P\{T_{19}\geqslant 0.894\}=\mathrm{TDIST}(0.894,19,1)=0.191,$$

这里 TDIST 是 EXCEL 的 t 分布概率计算函数. 结果表明, 在任何小于 0.191 的显著性水平下, 原假设 H_0 均会被接受.　□

8.2.3　大样本情形总体均值的假设检验

对于非正态总体, 样本容量 n 足够大时 (如 $n\geqslant 30$), 根据第 6 章的中心极限定理, 无论总体是什么分布, 样本均值 $\overline{X}$ 都近似服从正态分布, 我们总可以

近似使用表 8.1 的 Z 检验法. 如果 σ 未知, 可以利用它的相合估计量近似计算. 例如, 根据大数定律, 样本标准差 s 与总体标准差 σ 近似相等. 如果 σ 未知, 就用样本标准差 s 代替.

例 8.2.5 地方政府要在某地区建立垃圾焚烧场, 经过两年的宣传和解释, 政府部门宣布已经取得了本地 $\dfrac{2}{3}$ 以上居民的赞成. 报社调查了 100 位本地居民, 其中有 62 位表示赞成. 问报社是否可以根据调查结果否定政府部门的说法 (显著性水平 $\alpha = 0.05$)?

解 设赞成率为 p, 那么该问题的总体服从均值为 $\mu = p$ 的伯努利分布. 样本

$$X_i = \begin{cases} 1, & \text{第 } i \text{ 位居民赞成}, \\ 0, & \text{否则}, \end{cases} \qquad i = 1, 2, \cdots, n, \quad n = 100.$$

这是一个大样本非正态总体的均值左侧检验问题:

$$H_0 : \mu \geqslant \mu_0 = \frac{2}{3}, \quad H_1 : \mu < \mu_0,$$

样本均值

$$\overline{x} = \frac{62}{100} = 0.62.$$

样本标准差

$$s = \sqrt{\frac{1}{n-1}(62 - n \times 0.62^2)} = 0.4878.$$

由于总体标准差 σ 未知, 近似用样本标准差 S 代替, 采用检验统计量

$$\frac{\overline{X} - \mu_0}{S/\sqrt{n}},$$

其观测值为

$$\frac{\overline{x} - 2/3}{s/\sqrt{n}} = -0.9567.$$

由于这个数值大于临界值 $-z_{0.05} = -1.645$, 不在拒绝域内. 这样, 在 0.05 的显著性水平下, 接受原假设 H_0. 尽管报社调查的赞成比例略低于 $\dfrac{2}{3}$, 但不能根据这一调查结果否定政府部门的说法. □

例 8.2.6　现从某诊所的病人中招募一些志愿者对一种降血液胆固醇的新药进行检验. 由 50 个志愿者组成的一个组经过一个月的服药之后, 将他们的血液胆固醇的变化记录下来. 如果平均的降幅是 14.8, 其标准差为 6.4, 我们能得出怎样的结论?

解　这个问题关注的是样本的平均降幅是否足够大到支持 "志愿者们的胆固醇明显下降" 这一假设, 所以将此作为备择假设. 原假设是认为这种变化仅仅出于偶然, 也就是说, 50 个变化数据服从均值为 0 的分布 (无论总体是否为正态的). 我们需要检验假设

$$H_0: \mu \leqslant 0 \qquad H_1: \mu > 0,$$

这是一个右侧检验. 问题是我们并不知道总体是否服从正态分布, 好在 $n = 50$, 是大样本问题, 可以近似使用 Z 检验. 又由于标准差 σ 未知, 就用样本标准差 $s = 6.4$ 代替. 由 $\overline{x} = 14.8$, 统计量的观测值为

$$\frac{\overline{x} - 0}{s/\sqrt{n}} = \frac{\sqrt{50} \cdot 14.8}{6.4} = 16.35,$$

这样右侧 p 值

$$p = P\{Z \geqslant 16.35\} = 1 - \Phi(16.35) = 0.$$

很显然, 我们应该拒绝原假设, 即不能认为这些变化仅出于偶然, 或者说, 这批志愿者的胆固醇确实明显下降了. □

遗憾的是, 我们无法合理地判断这种变化是由所指定的药物引起的, 还是存在其他的可能性. 比如, 众所周知, 给病人的任何一种药 (不管这种药物同病人的疾病是否直接相关) 往往都能改善病人的情况, 这种现象我们称之为安慰剂效应. 同样, 我们还需要考虑另外一种可能性, 即服药期间的天气情况, 很容易想象这会影响血液胆固醇的水平. 事实上, 这是一个设计得非常糟糕的实验, 因为, 检验某种药是否对一种疾病具有疗效的过程可能受到很多因素的影响, 我们应该在设计实验的时候, 尽量去除其他可能的因素. 要做到这一点, 可接受的方法是, 将志愿者随机地分成两组, 一组服用这种药物, 而另一组则服用安慰剂 (外观和味道同真的药片没什么差别, 但没有实际生理效果), 不要告诉志愿者他们是在测试组还是在对比组, 如果连医务人员都不知道这样的信息 (这种情况称

为双盲测试), 那就更好了, 这样可以防止他们自身的偏见起作用. 由于这两组志愿者是随机挑选的, 我们现在可以期望, 除了服用真药和安慰剂的差别之外, 其他因素的作用都是相同的. 所以, 任何表现在这两个组的差异均能归结为是该种药物所引起的.

假设检验的补充知识

习题

1. 一个盒子中有黑白两种颜色的球共 10 个, 且球数比例为 4∶1, 但不知道哪种颜色的球多. 现考虑原假设为 8 白球 2 黑球, 备择假设为 8 黑球 2 白球, 任取两球, 如果都是黑球则拒绝原假设. 求犯第一类错误和第二类错误的概率.

2. 一个实验室中有上千只小老鼠. 老鼠的平均体重为 32 g, 服从标准差是 4 g 的正态分布. 研究员要实验室助手选取 25 只老鼠来做实验. 但在开始实验之前, 研究员决定先给选出的老鼠称重, 以确定助手选择的老鼠构成随机样本还是存在实质性偏差 (比如选到的老鼠可能是因为身体具有不利因素而来不及逃跑才被助手抓到). 如果 25 只老鼠体重的样本均值为 30.4 g, 在 5% 的显著性水平下, 可以认为所选的老鼠不构成随机样本吗?

3. 已知某企业应收账款金额服从标准差为 40 万元的正态分布, 现抽取了一个容量为 36 的样本, 样本均值为 240 万元. 请问在 5% 的显著性水平下, 审计师可否认为应收账款金额的均值为 260 万元?

4. 某种有强烈作用的药片规定平均重量为 0.5 mg, 抽 100 片来检查, 测得平均重量为 0.52 mg. 假设该药片的重量服从标准差为 0.11 mg 的正态分布. 分别在显著性水平 $\alpha = 0.01$ 和 $\alpha = 0.05$ 下, 检验药片的平均重量是否符合规定.

5. 一则新牙膏的广告声称它能帮助儿童减少蛀牙. 已知儿童每年蛀牙的数量服从均值为 3, 标准差为 1 的正态分布. 一项对使用这种牙膏的 2500 名儿童的调查显示这些儿童的平均蛀牙数量为 2.95 个. 假设这些使用新牙膏的儿童蛀牙数量的标准差也是 1, 则

(1) 在 5% 的显著性水平下, 这些数据是否足以支持这则广告?

(2) 这些数据能让你信服, 从而选择使用这种新牙膏吗?

6. 某种矿砂的 5 个样品中镍含量 (单位: %) 经测定为: 3.25, 3.27, 3.24, 3.26,

3.24. 设测定值总体服从正态分布，问在 $\alpha = 0.01$ 下能否接受假设: 这批矿砂的镍含量平均值为 3.25%?

7. 某次数学考试后为评估考生成绩的平均水平，随机抽取了 36 位考生的成绩，算得平均成绩为 66.5 分，样本标准差为 15 分. 假设成绩服从正态分布，问在 5% 的显著性水平下，是否可认为这次考试全体考生的平均成绩为 70 分?

8. 某厂宣称已采取措施进行废水治理，现环保部门抽测了 9 个水样，测得 1 kg 水样中有毒物质含量的样本均值为 17 mg，样本标准差为 2.4 mg. 假设该有毒物质的含量服从正态分布，以往该厂废水中有毒物质的平均含量为 18.2 mg. 在显著性水平 0.05 下，问废水中有毒物质的含量有无显著变化?

9. (1) 一家制药公司开发了一种治疗偏头疼的新药，并声称这种药物进入血液的平均时间少于 10 min. 为取得食品药品监督局的信任，制药公司随机选取了一些患者来做实验. 他们应该怎样选取原假设和备择假设?

(2) 一家制药公司开发了一种治疗偏头疼的新药，并声称这种药物进入血液的平均时间少于 10 mim. 现在有用户投诉这种药物进入血液的平均时间不少于 10 min. 食品药品监督局随机选取了一些患者来做实验. 他们应该怎样选取原假设和备择假设?

10. 假设 $X_1, \cdots, X_n$ 是一个取自正态分布 $N(\mu, \sigma^2)$ 的容量为 n 的样本，其中均值 μ 未知，而方差 σ^2 已知. 我们要检验假设

$$H_0: \mu = \mu_0, \quad H_1: \mu < \mu_0,$$

这里 μ_0 是指定的常数. 试利用假设检验的基本原理构造该检验的拒绝域.

11. 某互联网金融公司通过其在线平台销售一种理财产品，原来每天销售量的均值为 75，标准差为 4. 营销方案调整后，为了考察销售量是否提高，随机抽取了 6 天的销量记录，分别为 78, 80, 85, 82, 75, 80. 假设销售量服从正态分布. 问在 5% 的显著性水平下，营销方案调整后销售量是否有显著提高?

12. 假设某批首饰的金含量服从正态分布. 现测得 4 个样品中的金含量，计算得样本均值为 32.85 g，样本标准差为 0.4 g，在显著性水平 0.05 下，能否认为这批首饰的金含量平均值明显低于 35 g?

13. 某品牌笔记本电脑的产品说明书声称电池的平均充电次数可达 4200 次，为验证它的真实性，随机抽取 10 个样本进行调查，结果显示样本平均可充

电 4000 次, 样本标准差为 200 次. 在显著性水平 0.05 下, 检验产品说明是否属实? 你需要做什么假设?

14. 医学上一个重要的问题是慢跑是否会降低脉搏. 为了研究这一问题, 8 名平时没有慢跑习惯的志愿者同意进行一个月的慢跑. 慢跑前后的脉搏数据如下:

志愿者	1	2	3	4	5	6	7	8
慢跑前	74	86	98	102	78	84	79	70
慢跑后	70	85	90	110	71	80	69	74

你能得出什么结论? 你需要做什么假设?

15. 某电子商务平台为提升销售业绩, 向消费者提供了具有先消费后付款功能的"白条"服务. 通过相关行业数据分析, 该平台认为消费者逾期还款的平均天数不会超过 1.2 天. 现随机抽取了 10000 笔交易记录, 算得其平均逾期天数为 1.5 天, 样本标准差为 0.5. 问在 1% 的显著性水平下, 是否可以认为平台的看法成立?

16. 某厂的生产管理员认为该厂第一道工序加工完的产品送到第二道工序进行加工前的平均等待时间超过 90 min. 现对 100 件产品的随机抽样结果是平均等待时间为 96 min, 样本标准差为 30 min. 在显著性水平 0.05 下, 问: 抽样的结果是否充分支持该管理员的看法?

17. 急救中心声称其接到的呼叫电话中至少 45% 属于病危情况. 为了检验这一说法, 从记录中随机地选取了 200 条, 发现其中 70 次属于病危, 请问在显著性水平 0.01 下能否认为急救中心的说法是可信的?

18. 已知一种标准药物对某类型感染的有效率为 75%. 现开发了一种新药, 并被用于 50 位患者, 结果对其中 42 位有效. 在显著性水平 0.05 下能否认为两种药物的疗效相同? p 值是多少?

19. 研究第 1 章例 1.0.2 第 (3) 小题的假设检验问题.

第 8 章补充例题与习题

第 9 章 线性回归

9.1 回归模型的参数估计

在许多工程和科学问题中, 如何决定变量之间的关系常常受到关注. 例如, 在化学反应过程中, 我们可能对反应的结果与发生反应时的温度以及使用催化剂的量之间的关系感兴趣. 而通过对他们之间关系的了解将使我们能够预测在不同温度或催化剂的量条件下的反应输出量. 又如, 保险公司对研究火灾的损失金额与火灾发生地和消防站的距离之间的关系感兴趣. 上述例子都要考虑变量间的定量关系. 这将是我们本章研究的主题.

9.1.1 一元线性回归模型

在许多情况下, 因变量 y 与自变量 x 之间最简单的关系为线性函数. 也就是说, 存在常数 β_0, β_1, 使方程

$$y = \beta_0 + \beta_1 x \tag{9.1.1}$$

成立. 那么当 β_0, β_1 已知, 对任何的自变量值 x, 我们都能预测出其对应的因变量值 y.

然而, 在实际应用中, 像 (9.1.1) 这样的精确关系是几乎不可能成立的. 由于环境变化, 建模不准确或观测数据误差等原因, 方程 (9.1.1) 存在某些误差. 也就

是说,

$$y = \beta_0 + \beta_1 x + \varepsilon. \tag{9.1.2}$$

式 (9.1.2) 称为变量 y 对 x 的一元线性回归模型. 一般称 y 为输出变量或因变量, x 为输入变量或自变量. 式中 β_0, β_1 是未知参数, 称为回归系数, ε 表示其他因素的影响, 称为误差项. 常假设 ε 为一均值为零的随机变量, 从而 y 也是一个随机变量. 对方程 (9.1.2) 两边求期望, 得

$$E(y) = \beta_0 + \beta_1 x, \tag{9.1.3}$$

称为回归方程.

统计上, 当获得 n 对样本 $(x_1, y_1), (x_2, y_2), \cdots, (x_n, y_n)$, 如果它们符合模型 (9.1.2), 则

$$y_i = \beta_0 + \beta_1 x_i + \varepsilon_i, \quad i = 1, 2, \cdots, n, \tag{9.1.4}$$

其中 $\varepsilon_1, \varepsilon_2, \cdots, \varepsilon_n$ 为均值为零的随机变量. 通常假定 $x_1, x_2, \cdots, x_n$ 是确定性变量, 其值是可以精确测量和控制的. 在上述条件下, 不难看出 y_i 是随机变量, 其均值 $\beta_0 + \beta_1 x_i$ 对于不同的 i 来说一般是不相等的. 随机变量 $y_1, y_2, \cdots, y_n$ 的观测值也记为 $y_1, y_2, \cdots, y_n$, 对此我们并不刻意加以区分, 一般从上下文可以理解它们的意义.

9.1.2 回归系数的估计

给定样本 $\{(x_i, y_i), i = 1, 2, \cdots, n\}$ 时, 我们可估计出一元线性回归模型的参数 β_0 和 β_1. 设 $\hat{\beta}_0, \hat{\beta}_1$ 分别为 β_0 和 β_1 的估计值, 我们称

$$y = \hat{\beta}_0 + \hat{\beta}_1 x$$

为线性拟合曲线或拟合直线. 对应于自变量 x_i, 因变量的拟合值为

$$\hat{y}_i = \hat{\beta}_0 + \hat{\beta}_1 x_i.$$

这样因变量的真实值与拟合值之间的误差平方和为

$$SSE = \sum_{i=1}^{n} (y_i - \hat{y}_i)^2,$$

称为模型的残差平方和.

我们用最小二乘估计法选择 $\hat{\beta}_0, \hat{\beta}_1$ 使得 SSE 最小化. 对 SSE 关于 $\hat{\beta}_0$ 和 $\hat{\beta}_1$ 分别求偏导, 得

$$\frac{\partial SSE}{\partial \hat{\beta}_0} = -2\sum_{i=1}^{n}(y_i - \hat{\beta}_0 - \hat{\beta}_1 x_i),$$
$$\frac{\partial SSE}{\partial \hat{\beta}_1} = -2\sum_{i=1}^{n} x_i(y_i - \hat{\beta}_0 - \hat{\beta}_1 x_i),$$

令以上两式等于 0, 得到

$$\sum_{i=1}^{n} y_i = n\hat{\beta}_0 + \hat{\beta}_1 \sum_{i=1}^{n} x_i, \tag{9.1.5}$$
$$\sum_{i=1}^{n} x_i y_i = \hat{\beta}_0 \sum_{i=1}^{n} x_i + \hat{\beta}_1 \sum_{i=1}^{n} x_i^2.$$

上式第一个方程可变形为

$$\hat{\beta}_0 = \overline{y} - \hat{\beta}_1 \overline{x}, \tag{9.1.6}$$

代入第二个方程, 得

$$\sum_{i=1}^{n} x_i y_i = (\overline{y} - \hat{\beta}_1 \overline{x}) n\overline{x} + \hat{\beta}_1 \sum_{i=1}^{n} x_i^2$$

或

$$\hat{\beta}_1 \left(\sum_{i=1}^{n} x_i^2 - n\overline{x}^2\right) = \sum_{i=1}^{n} x_i y_i - n\overline{x}\ \overline{y},$$

也即

$$\hat{\beta}_1 = \frac{\sum\limits_{i=1}^{n} x_i y_i - n\overline{x}\ \overline{y}}{\sum\limits_{i=1}^{n} x_i^2 - n\overline{x}^2}. \tag{9.1.7}$$

综上所述, 我们得到下面的定理.

定理 9.1.1 一元线性回归模型 (9.1.4) 回归系数的最小二乘估计为

$$\hat{\beta}_0 = \overline{y} - \hat{\beta}_1 \overline{x}, \quad \hat{\beta}_1 = \frac{L_{xy}}{L_{xx}}, \tag{9.1.8}$$

其中

$$L_{xy}=\sum_{i=1}^{n}x_iy_i-n\overline{x}\,\overline{y}=\sum_{i=1}^{n}(x_i-\overline{x})y_i,$$

$$L_{xx}=\sum_{i=1}^{n}x_i^2-n\overline{x}^2=\sum_{i=1}^{n}(x_i-\overline{x})^2.$$

下列定理表明, 上述最小二乘估计也是无偏估计.

定理 9.1.2 由式 (9.1.8) 给出的 $\hat{\beta}_0,\hat{\beta}_1$ 分别是回归系数 β_0,β_1 的无偏估计量.

证明 由于 $y_i=\beta_0+\beta_1x_i+\varepsilon_i$, $E(\varepsilon_i)=0$, 因而有

$$E(y_i)=\beta_0+\beta_1x_i,$$

根据 (9.1.7), 求得 $\hat{\beta}_1$ 的均值为

$$\begin{aligned}E(\hat{\beta}_1)&=\frac{\sum\limits_{i=1}^{n}(x_i-\bar{x})E(y_i)}{L_{xx}}\\&=\frac{\sum\limits_{i=1}^{n}(x_i-\bar{x})(\beta_0+\beta_1x_i)}{L_{xx}}\\&=\frac{\beta_0\sum\limits_{i=1}^{n}(x_i-\bar{x})+\beta_1\sum\limits_{i=1}^{n}x_i(x_i-\bar{x})}{L_{xx}}\\&=\beta_1\frac{\sum\limits_{i=1}^{n}x_i^2-\bar{x}\sum\limits_{i=1}^{n}x_i}{L_{xx}}\quad\left(\text{因 }\sum_{i=1}^{n}(x_i-\bar{x})=0\right)\\&=\beta_1.\end{aligned}$$

从而 $\hat{\beta}_1$ 是 β_1 的无偏估计量. 进一步, 由 (9.1.6)

$$E(\hat{\beta}_0)=\sum_{i=1}^{n}\frac{E(y_i)}{n}-\bar{x}E(\hat{\beta}_1)=\sum_{i=1}^{n}\frac{\beta_0+\beta_1x_i}{n}-\bar{x}\beta_1=\beta_0+\beta_1\bar{x}-\bar{x}\beta_1=\beta_0.$$

所以, $\hat{\beta}_0$ 也是 β_0 的无偏估计量. □

例 9.1.1　**随机抽出 15 户居民进行人均月日常支出与人均月收入之间关系的调查, 结果如表 9.1 所示. 根据资料求居民的人均月日常支出与人均月收入之间的拟合直线, 并根据方程估计人均月收入为 1 万元家庭的人均月日常支出.**

表 9.1　居民人均月收入与人均月日常支出调查数据　　单位: 百元

收入	102	96	97	102	91	158	54	83	123	106	129	138	81	92	64
支出	27	26	25	28	27	36	19	26	31	31	34	38	27	28	20

解　设 x_i 表示第 i 户的人均月收入, y_i 表示第 i 户的人均月日常支出, 画成对数据的散点图 9.1, 可见人均月收入高的家庭, 人均月日常支出也偏高, 二者关系接近一条直线, 但并不完全有规律, 存在一些误差, 可以使用一元线性回归进行分析. 先计算得到

$$\bar{x} = 101.1, \bar{y} = 28.2, L_{xx} = 10437, L_{xy} = 1881,$$

根据 (9.1.8) 计算得到 $\hat{\beta}_1 = \dfrac{1881}{10437} = 0.18, \hat{\beta}_0 = 28.2 - 0.18 \times 101.1 = 10$. 从而拟合直线是

$$y = 10 + 0.18x.$$

由此, 当 $x_0 = 100$ (百元), 得到 $\hat{y_0} = 10 + 0.18x_0 = 28$ (百元).　□

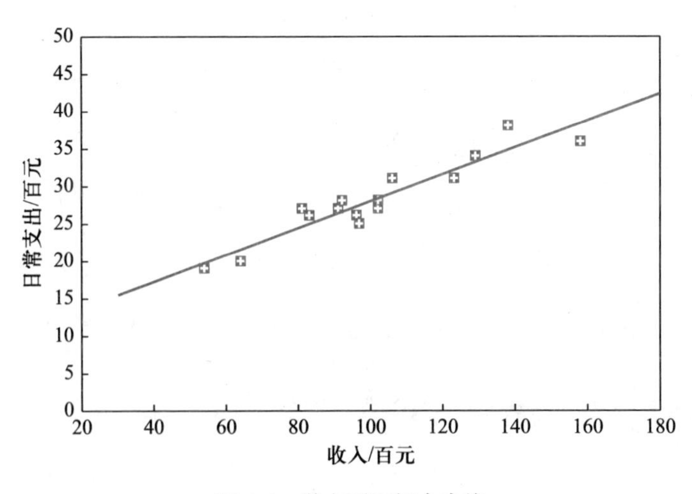

图 9.1　散点图和拟合直线

有一些非线性函数关系, 也可以通过适当的变换化为线性函数. 例如, 对于双曲函数

$$y = a + \frac{b}{x},$$

令 $z = \frac{1}{x}$, 则

$$y = a + bz.$$

那么 y 与 z 就是线性函数关系.

例 9.1.2 在一定温度下, 乙酸乙酯皂化反应时间 x(单位: min) 与电导 y (单位: S/m) 之间的实验数据如表 9.2, 试建立 x 与 y 之间的关系式.

表 9.2 乙酸乙酯皂化反应实验数据

x	y	x	y	x	y
1	0.4782	11	0.1806	21	0.0913
2	0.4206	12	0.1667	22	0.0853
3	0.3730	13	0.1548	23	0.0794
4	0.3373	14	0.1429	24	0.0754
5	0.3016	15	0.1329	25	0.0714
6	0.2758	16	0.1230	26	0.0675
7	0.2500	17	0.1151	27	0.0635
8	0.2282	18	0.1111	28	0.0595
9	0.2103	19	0.1032	29	0.0556
10	0.1944	20	0.0972	30	0.0532

解 计算得到

$$\bar{x} = 15.5, \bar{y} = 0.17, L_{xx} = 2247.5, L_{xy} = -27.29,$$

根据 (9.1.8) 计算得到

$$\hat{\beta}_1 = -\frac{27.29}{2247.5} = -0.012, \hat{\beta}_0 = 0.17 + 0.012 \times 15.5 = 0.358.$$

从而拟合直线是

$$y = 0.358 - 0.012x.$$

残差平方和

$$SSE = 0.0581.$$

进一步, 作散点图 (见图 9.2 中的圆点), 观察数据, 发现数据不是线性关系, 而是接近负指数函数

$$y = a\mathrm{e}^{-bx},$$

两边取对数得到

$$\ln y = \ln a - bx.$$

对电导数据取对数, 得到 $z = \ln y$ 的样本数据, 计算得

$$\bar{z} = -1.977, L_{xz} = -163.65,$$

根据 (9.1.8) 计算得到

$$\hat{\beta}_1 = -\frac{163.65}{2247.5} = -0.0728, \quad \hat{\beta}_0 = -1.977 + 0.0728 \times 15.5 = -0.8486.$$

由于 $a = \mathrm{e}^{\hat{\beta}_0} = 0.4279, b = -\hat{\beta}_1 = 0.0728$, 拟合曲线 (图 9.2 曲线) 是

$$y = 0.4279\mathrm{e}^{-0.0728x}.$$

残差平方和

$$\sum_{i=1}^{n}(y_i - a\mathrm{e}^{-bx_i})^2 = 0.0116.$$

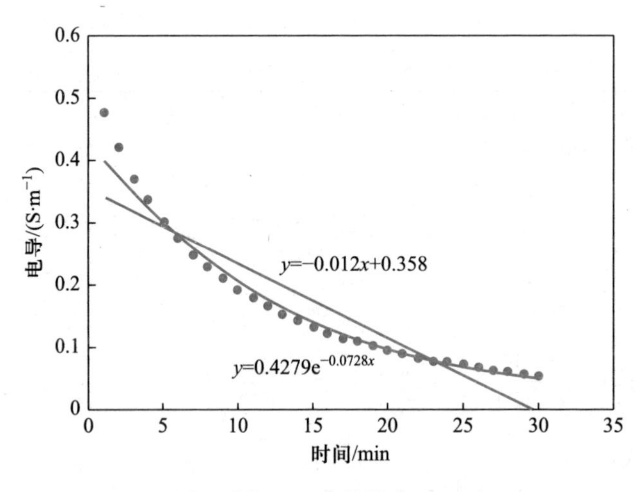

图 9.2　曲线拟合

可见曲线拟合误差比直线拟合 (见图 9.2 直线) 误差更小. □

9.2 回归模型的假设检验

建立回归模型的主要目的是利用自变量 x 来估计因变量 y 的值. 根据 7.1.1 的讨论, 如果不考虑自变量 x, 样本均值 $\bar{y}$ 是 y 的一个好的估计量. 那么, 利用自变量 x 可以显著提高对 y 的估计精度吗? 这就是本节我们要研究的回归模型的显著性检验问题, 即检验

$$H_0: \beta_1 = 0, \quad H_1: \beta_1 \neq 0.$$

9.2.1 方差分析

我们来分析回归模型对样本数据 $y_1, y_2, \cdots, y_n$ 的方差

$$s_y^2 = \frac{1}{n-1}\sum_{i=1}^{n}(y_i - \bar{y})^2$$

的影响. 我们称因变量的真实值与样本均值之间的误差平方和

$$SST = \sum_{i=1}^{n}(y_i - \bar{y})^2$$

为总误差平方和, 因变量的真实值与回归模型拟合值之间的误差平方和

$$SSE = \sum_{i=1}^{n}(y_i - \hat{y}_i)^2$$

称为残差平方和, 而回归模型拟合值与样本均值之间的误差平方和

$$SSR = \sum_{i=1}^{n}(\hat{y}_i - \bar{y})^2$$

称为回归平方和. 下面的定理表明, 总误差平方和恰好等于残差平方和加上回归平方和.

定理 9.2.1 (平方和分解)

$$SST = SSE + SSR.$$

★证明 因为

$$
\begin{aligned}
SST &= \sum_{i=1}^{n}(y_i - \hat{y}_i + \hat{y}_i - \bar{y})^2 \\
&= \sum_{i=1}^{n}[(y_i - \hat{y}_i)^2 + (\hat{y}_i - \bar{y})^2 + 2(y_i - \hat{y}_i)(\hat{y}_i - \bar{y})] \\
&= SSE + SSR + 2\sum_{i=1}^{n}(y_i - \hat{y}_i)(\hat{y}_i - \bar{y}).
\end{aligned}
$$

只要证明 $\sum_{i=1}^{n}(y_i - \hat{y}_i)(\hat{y}_i - \bar{y}) = 0$. 事实上, 由 (9.1.6) 得

$$
\hat{y}_i = \hat{\beta}_0 + \hat{\beta}_1 x_i = \bar{y} + \hat{\beta}_1(x_i - \bar{x}),
$$

那么

$$
\begin{aligned}
&\sum_{i=1}^{n}(y_i - \hat{y}_i)(\hat{y}_i - \bar{y}) \\
&= \sum_{i=1}^{n}[y_i - \bar{y} - \hat{\beta}_1(x_i - \bar{x})]\hat{\beta}_1(x_i - \bar{x}) \\
&= \hat{\beta}_1\left[\sum_{i=1}^{n}(y_i - \bar{y})(x_i - \bar{x}) - \hat{\beta}_1\sum_{i=1}^{n}(x_i - \bar{x})^2\right] \\
&= \hat{\beta}_1(L_{xy} - \hat{\beta}_1 L_{xx}) = 0.
\end{aligned}
$$

□

根据定理 9.2.1 可知, 好的回归模型应使得 SSE 在 SST 中所占比例尽可能小, 或者等价地, SSR 在 SST 中所占比例尽可能大. 定义统计量

$$
R^2 = \frac{SSR}{SST}.
$$

它反映了回归模型所解释的误差平方和占比. 统计量 R^2 越接近 1, 说明模型的拟合程度越好.

9.2.2 估计量的分布

为了进行显著性检验, 我们需要知道估计量 $\hat{\beta}_0$ 和 $\hat{\beta}_1$ 的概率分布. 为此, 我们需要进一步假设误差是独立同分布的零均值正态随机变量.

定理 9.2.2 假设随机误差 $\varepsilon_1,\varepsilon_2,\cdots,\varepsilon_n \sim N(0,\sigma^2)$ 且相互独立, 那么最小二乘估计 (9.1.8) 给出的 $\hat{\beta}_0,\hat{\beta}_1$ 分别是回归系数 β_0,β_1 的最大似然估计量, 并服从正态分布

$$\hat{\beta}_0 \sim N\left(\beta_0, \left(\frac{1}{n}+\frac{\bar{x}^2}{L_{xx}}\right)\sigma^2\right), \quad \hat{\beta}_1 \sim N\left(\beta_1, \frac{\sigma^2}{L_{xx}}\right). \tag{9.2.1}$$

证明 因为 $\varepsilon_1,\varepsilon_2,\cdots,\varepsilon_n$ 是独立正态随机变量, 均值为 0, 方差为 σ^2, 那么 $y_1,\cdots,y_n$ 也相互独立, 且

$$y_i \sim N(\beta_0+\beta_1 x_i, \sigma^2),$$

这样似然函数 (即 $y_1,\cdots,y_n$ 的联合密度函数) 为

$$\begin{aligned} L(y_1,\cdots,y_n|\beta_0,\beta_1) &= \prod_{i=1}^{n}\frac{1}{\sqrt{2\pi}\sigma}\mathrm{e}^{-(y_i-\beta_0-\beta_1x_i)^2/(2\sigma^2)} \\ &= \frac{1}{(2\pi)^{n/2}\sigma^n}\mathrm{e}^{-\sum\limits_{i=1}^{n}(y_i-\beta_0-\beta_1x_i)^2/(2\sigma^2)}, \end{aligned}$$

因此, β_0 和 β_1 的最大似然估计量使得 $\sum\limits_{i=1}^{n}(y_i-\beta_0-\beta_1x_i)^2$ 达到最小. 也就是说, 它们正好是最小二乘估计 (9.1.8).

由于估计量表示为 (9.1.6) 和 (9.1.7), 可见 $\hat{\beta}_0$ 和 $\hat{\beta}_1$ 均为独立随机变量 $y_i, i=1,2,\cdots,n$ 的线性组合, 从而均服从正态分布. 根据定理 9.1.2 知道其均值分别为 β_0,β_1. 进一步计算方差,

$$D(\hat{\beta}_1) = \frac{D\left(\sum\limits_{i=1}^{n}(x_i-\overline{x})y_i\right)}{L_{xx}^2} = \frac{\sum\limits_{i=1}^{n}(x_i-\overline{x})^2D(y_i)}{L_{xx}^2} = \frac{\sigma^2}{L_{xx}}. \tag{9.2.2}$$

根据协方差的性质, 从 (9.1.7) 计算得 (见习题 9)

$$\mathrm{Cov}(\bar{y},\hat{\beta}_1)=0.$$

从而由 (9.1.6) 计算得

$$D(\hat{\beta}_0) = D(\bar{y}) + (-\bar{x})^2D(\hat{\beta}_1) - 2\bar{x}\mathrm{Cov}(\bar{y},\hat{\beta}_1) = \left(\frac{1}{n}+\frac{\bar{x}^2}{L_{xx}}\right)\sigma^2.$$

证毕. □

考虑一元线性回归模型 (9.1.4) 并假设误差是独立同分布的零均值正态随机变量. 我们来检验

$$H_0:\beta_1=0,\quad H_1:\beta_1\neq 0,$$

由于

$$y_i-\bar{y}=\varepsilon_i-\bar{\varepsilon},$$

而 $\varepsilon_i\sim N(0,\sigma^2)$ 且相互独立. 根据第 6 章定理 6.2.1,

$$\frac{SST}{\sigma^2}=\frac{(n-1)S_\varepsilon^2}{\sigma^2}\sim\chi^2(n-1).$$

另一方面, 注意到

$$\hat{y_i}=\bar{y}+\hat{\beta}_1(x_i-\bar{x}),$$

我们有

$$SSR=\hat{\beta_1}^2\sum_{i=1}^{n}(x_i-\overline{x})^2=\hat{\beta_1}^2L_{xx},$$

如果原假设 $H_0:\beta_1=0$ 成立, 由定理 9.2.2 知 $\hat{\beta}_1\sim N(0,\sigma^2/L_{xx})$, 从而

$$\frac{SSR}{\sigma^2}\sim\chi^2(1).$$

再利用定理 9.2.1 知

$$\frac{SST}{\sigma^2}=\frac{SSE}{\sigma^2}+\frac{SSR}{\sigma^2}.$$

根据 χ^2 分布的可加性可合理地推测

$$\frac{SSE}{\sigma^2}\sim\chi^2(n-2),$$

且 SSE 与 SSR 相互独立. 那么统计量

$$F=\frac{SSR}{SSE/(n-2)}\sim F(1,n-2).$$

在显著性水平为 α 时, 拒绝域为

$$F\geqslant F_\alpha(1,n-2).$$

设检验统计量 F 的观测值为 v, 则检验的 p 值为

$$p = P\{F_{1,n-2} \geqslant v\},$$

其中 $F_{1,n-2}$ 表示自由度为 1 和 $n-2$ 的 F 分布随机变量.

例 9.2.1 试检验例 9.1.1 所建立的回归模型的显著性.

解 检验

$$H_0 : \beta_1 = 0, \quad H_1 : \beta_1 \neq 0,$$

根据例 9.1.1 有

$$n = 15, \hat{\beta}_0 = 10, \hat{\beta}_1 = 0.18, \bar{y} = 28.2.$$

那么由 $\hat{y}_i = \hat{\beta}_0 + \hat{\beta}_1 x_i$ 计算得 $\hat{y}_i, i = 1, 2, \cdots, n$. 由此计算得到

$$SSR = 338.93, \quad SSE = 43.47.$$

这样检验统计量的值

$$F = \frac{SSR}{SSE/(n-2)} = 101.36.$$

假设误差是独立同分布的零均值正态随机变量, 检验的 p 值为

$$p = P\{F_{1,13} \geqslant 101.36\} = \text{FDIST}(101.36, 1, 13) = 1.66 \times 10^{-7}.$$

这是一个很小的 p 值, 拒绝 H_0, 说明回归方程显著. 也就是说, 利用人均月收入预测人均月日常支出有明显的作用, 或者说, 比用 $\bar{y}$ 得到的预测值明显要好. 另一方面, 注意到

$$SST = SSE + SSR = 382.4, \quad R^2 = \frac{SSR}{SST} = 0.886.$$

说明回归方程解释了 88.6% 的误差平方和. □

9.3 ★ 回归预测

前面我们在 $\beta_1 = 0$ 的前提下得到了 SSE 的概率分布. 其实, 这个结论在 $\beta_1 \neq 0$ 时也成立. 一般地, 有如下定理.

定理 9.3.1 假设一元线性回归模型 (9.1.4) 中的随机误差 $\varepsilon_1, \varepsilon_2, \cdots, \varepsilon_n \sim N(0, \sigma^2)$ 且相互独立, 回归系数 β_0, β_1 的估计由 (9.1.8) 给出, 那么

$$\frac{SSE}{\sigma^2} \sim \chi^2(n-2),$$

且 SSE 分别与 $\hat{\beta}_0$ 和 $\hat{\beta}_1$ 相互独立.

□

定理 9.3.1 的严格证明

由于

$$E\left(\frac{SSE}{\sigma^2}\right) = n-2,$$

也即

$$E\left(\frac{SSE}{n-2}\right) = \sigma^2,$$

由此, 我们可以得到未知方差 σ^2 的无偏估计

$$\hat{\sigma^2} = \frac{SSE}{n-2}, \tag{9.3.1}$$

9.3.1 回归系数的区间估计

根据定理 9.2.2 和定理 9.3.1,

$$\frac{\hat{\beta}_1 - \beta_1}{\sqrt{\sigma^2/L_{xx}}} = \sqrt{L_{xx}}\frac{\hat{\beta}_1 - \beta_1}{\sigma} \sim N(0,1), \tag{9.3.2}$$

且与

$$\frac{SSE}{\sigma^2} \sim \chi^2(n-2)$$

相互独立. 根据 t 分布的定义, 可得出

$$\frac{\sqrt{L_{xx}}(\hat{\beta}_1 - \beta_1)/\sigma}{\sqrt{\dfrac{SSE}{\sigma^2(n-2)}}} = \frac{\sqrt{L_{xx}}}{\hat{\sigma}}(\hat{\beta}_1 - \beta_1) \sim t(n-2). \tag{9.3.3}$$

那么, 对任意 $0 < \alpha < 1$, 根据方程 (9.3.3) 有

$$P\left\{-t_{\alpha/2}(n-2) < \frac{\sqrt{L_{xx}}}{\hat{\sigma}}(\hat{\beta}_1 - \beta_1) < t_{\alpha/2}(n-2)\right\} = 1-\alpha,$$

或等价地,

$$P\left\{\hat{\beta}_1 - t_{\alpha/2}(n-2)\frac{\hat{\sigma}}{\sqrt{L_{xx}}} < \beta_1 < \hat{\beta}_1 + t_{\alpha/2}(n-2)\frac{\hat{\sigma}}{\sqrt{L_{xx}}}\right\} = 1-\alpha,$$

这样我们得到 β_1 的 $100(1-\alpha)\%$ 置信区间

$$\left(\hat{\beta}_1 - t_{\alpha/2}(n-2)\frac{\hat{\sigma}}{\sqrt{L_{xx}}}, \hat{\beta}_1 + t_{\alpha/2}(n-2)\frac{\hat{\sigma}}{\sqrt{L_{xx}}}\right).$$

根据置信区间与假设检验的对应关系. 上述区间估计也给出了假设检验问题

$$H_0: \beta_1 = 0, \quad H_0: \beta_1 \neq 0$$

的 t 检验方法: 如果 β_1 的 $100(1-\alpha)\%$ 置信区间包含 0 点, 则接受 H_0, 否则拒绝 H_0. 事实上, 这一检验与上一节的 F 检验等价 (见习题 13). 另外, 关于 β_0 的置信区间可完全类似于 β_1 来构造. 根据定理 9.2.2 和定理 9.3.1, 我们有

$$\frac{\hat{\beta}_0 - \beta_0}{\hat{\sigma}\sqrt{\dfrac{1}{n} + \dfrac{\bar{x}^2}{L_{xx}}}} \sim t(n-2), \tag{9.3.4}$$

从而, 在置信度 $100(1-\alpha)\%$ 下, β_0 的置信区间为

$$\left(\hat{\beta}_0 - t_{\alpha/2}(n-2)\hat{\sigma}\sqrt{\frac{1}{n} + \frac{\bar{x}^2}{L_{xx}}}, \hat{\beta}_0 + t_{\alpha/2}(n-2)\hat{\sigma}\sqrt{\frac{1}{n} + \frac{\bar{x}^2}{L_{xx}}}\right),$$

当然, 关于 β_0 的假设检验利用统计量分布 (9.3.4) 也可推导出来 (见习题 14).

例 9.3.1 在例 9.1.1 中, 计算 β_0, β_1 的置信度为 95% 的置信区间.

解 假设误差是独立同分布的零均值正态随机变量. 根据例 9.1.1 和例 9.2.1 的计算, 有

$$n = 15, \quad \bar{x} = 101.1, \quad \hat{\beta}_0 = 10, \quad \hat{\beta}_1 = 0.18, \quad SSE = 43.47, L_{xx} = 10437.$$

那么由 (9.3.1) 得

$$\hat{\sigma} = \sqrt{\frac{SSE}{n-2}} = 1.83.$$

因 $\alpha = 0.05, t_{0.025}(13) = \mathrm{TINV}(0.05, 13) = 2.16$, 根据上述置信区间的公式, 置信度为 95% 时,

$$\beta_0 \in (5.96, 14.04), \quad \beta_1 \in (0.14, 0.22).$$

□

9.3.2　因变量的预测区间

回归分析的重要应用是回归预测. 已知观测数据 $(x_i, y_i), i = 1, 2, \cdots, n$, 所谓预测就是, 任意给定自变量 x_0, 对相应的 y 的取值 y_0 做出推断. 由模型可知, 因变量值

$$y_0 = \beta_0 + \beta_1 x_0 + \varepsilon_0$$

是一个随机变量, 要预测随机变量的取值是不可能的. 这个问题的推断有两类: 一类是给出期望值 $E(y_0)$ 的点估计值, 也称为预测值; 另一类是给出 y_0 的一个预测区间.

$E(y_0)$ 的点估计比较简单. 只要 ε_0 是零均值的随机变量, $E(y_0)$ 的无偏估计为 $x = x_0$ 处的拟合值

$$\hat{y}_0 = \hat{\beta}_0 + \hat{\beta}_1 x_0.$$

然而, 为了给出 y_0 的预测区间, 我们需要首先求出其估计值 $\hat{y}_0$ 的概率分布.

运用方程 (9.1.7) 给出的 $\hat{\beta}_1$ 的表达式, 可得

$$\hat{\beta}_1 = \frac{\sum_{i=1}^{n}(x_i - \overline{x})y_i}{L_{xx}},$$

由于

$$\hat{y_0} = \hat{\beta_0} + \hat{\beta_1} x_0 = \overline{y} + \hat{\beta_1}(x_0 - \overline{x}).$$

假设随机误差 $\varepsilon_1, \varepsilon_2, \cdots, \varepsilon_n \sim N(0, \sigma^2)$ 且相互独立, 那么 y_i 为独立正态随机变量, 从上式可看出, $\hat{y_0}$ 可表示为独立正态随机变量的线性组合, 因而其本身也服从正态分布. 因其均值已知, 我们仅需计算其方差. 根据协方差的性质, 从 (9.1.7) 计算得 (见习题 9)

$$\mathrm{Cov}(\bar{y}, \hat{\beta}_1) = 0.$$

从而

$$D(\hat{y_0}) = D(\overline{y}) + (x_0 - \overline{x})^2 D(\hat{\beta_1}) = \sigma^2\left(\frac{1}{n} + \frac{(x_0 - \overline{x})^2}{L_{xx}}\right),$$

因此, 我们得到

$$\hat{y_0} \sim N\left(\beta_0+\beta_1 x_0, \sigma^2\left(\frac{1}{n}+\frac{(x_0-\overline{x})^2}{L_{xx}}\right)\right). \tag{9.3.5}$$

假设随机误差 $\varepsilon_0 \sim N(0,\sigma^2)$ 且与 $\varepsilon_1,\varepsilon_2,\cdots,\varepsilon_n$ 相互独立, 则 y_0 与前面用于决定 $\hat{\beta}_0$ 和 $\hat{\beta}_1$ 的 $y_1,y_2,\cdots,y_n$ 相互独立, 那么 y_0 与 $\hat{y_0}$ 也独立. 注意到

$$y_0 \sim N(\beta_0+\beta_1 x_0, \sigma^2),$$

因此

$$y_0-\hat{y_0} \sim N\left(0, \sigma^2\left(1+\frac{1}{n}+\frac{(x_0-\overline{x})^2}{L_{xx}}\right)\right),$$

或等价地,

$$Z=\frac{y_0-\hat{y_0}}{\sigma\sqrt{1+\dfrac{1}{n}+\dfrac{(x_0-\overline{x})^2}{L_{xx}}}} \sim N(0,1), \tag{9.3.6}$$

根据定理 9.3.1,

$$W=\frac{SSE}{\sigma^2} \sim \chi^2(n-2)$$

且与 $y_0-\hat{y_0}$ 相互独立. 根据 t 分布的定义, 我们得到

$$\frac{Z}{\sqrt{W/(n-2)}}=\frac{y_0-\hat{y_0}}{\hat{\sigma}\sqrt{1+\dfrac{1}{n}+\dfrac{(x_0-\bar{x})^2}{L_{xx}}}} \sim t(n-2),$$

从而, 对任意 $0<\alpha<1$,

$$P\left\{-t_{\alpha/2}(n-2)<\frac{y_0-\hat{y_0}}{\hat{\sigma}\sqrt{1+\dfrac{1}{n}+\dfrac{(x_0-\bar{x})^2}{L_{xx}}}}<t_{\alpha/2}(n-2)\right\}=1-\alpha,$$

从而我们得到因变量 y_0 的 $100(1-\alpha)\%$ 预测区间为

$$\left(\hat{y_0}-\delta(x_0), \hat{y_0}+\delta(x_0)\right), \tag{9.3.7}$$

其中 $\delta(x_0)=t_{\alpha/2}(n-2)\hat{\sigma}\sqrt{1+\dfrac{1}{n}+\dfrac{(x_0-\bar{x})^2}{L_{xx}}}$. 从 $\delta(x_0)$ 表达式可见, y_0 的预测区间的宽度与 x_0 离 $\bar{x}$ 的距离有关. 当 $x_0=\bar{x}$, 预测区间最窄, x_0 偏离 $\bar{x}$ 越远, 预测区间越宽.

例 9.3.2 对于例 9.1.1, 根据回归模型估计人均月收入为 1 万元家庭的人均月日常支出的预测区间 (置信度为 95%).

解 根据例 9.1.1、例 9.2.1、例 9.3.1 的计算, 有

$$n = 15, \quad \bar{x} = 101.1, \quad \hat{\beta}_0 = 10, \quad \hat{\beta}_1 = 0.18, \quad \hat{y_0} = 28, \quad L_{xx} = 10437, \quad \hat{\sigma} = 1.83.$$

因 $\alpha = 0.05, t_{0.025}(13) = \text{TINV}(0.05, 13) = 2.16, x_0 = 100$, 根据上述预测区间的公式, 置信度为 95% 时,

$$y_0 \in (23.93, 32.08).$$

□

最后我们回到第 1 章所研究的身高 x 与体重 y 的关系问题. 在例 1.0.2 中, 我们用 Excel 作出散点图, 加上线性趋势线, 并显示公式, 得到公式 $y = 1.0178x - 113.85$. 但是, 这个关系式并不准确, 存在误差. 在下例中, 我们通过一元线性回归分析, 不仅建立了例 1.0.2 中的回归方程, 还进一步给出了 y 的估计值和估计区间.

例 9.3.3 根据第 1 章例 1.0.1 的身高、体重数据, 以身高为自变量, 体重为因变量, 建立一元线性回归模型, 根据模型求身高 177 cm 的男生的体重估计值和 90% 置信度的区间估计, 并分析不同身高对应的体重估计区间的宽度.

解 假设身高 x 与体重 y 满足下列一元线性回归模型

$$y = \beta_0 + \beta_1 x + \varepsilon,$$

其中误差 ε 是零均值的正态分布随机变量, 且不同人的误差相互独立. 根据给定的 98 对有效数据计算得

$$n = 98, \quad \bar{x} = 170, \quad \bar{y} = 59.17, \quad L_{xx} = 3600, \quad L_{xy} = 3664.$$

由 (9.1.8) 得到参数估计

$$\hat{\beta}_0 = -113.85, \quad \hat{\beta}_1 = 1.0178.$$

进一步得到

$$SST = 5150, \quad SSE = 1421, \quad SSR = 3729.$$

从而

$$R^2 = \frac{SSR}{SST} = 0.724.$$

说明回归模型解释了 72.4% 的误差平方和. F 检验的 p 值

$$\begin{aligned} p &= P\left\{F(1,96) > \frac{SSR}{SSE/96}\right\} = P\{F(1,96) > 252\} \\ &= \mathrm{FDIST}(252,1,96) = 1.35 \times 10^{-28}. \end{aligned}$$

p 值很小, 说明模型显著.

对应于 $x_0 = 177$ cm, 得到因变量的点估计

$$\hat{y}_0 = \hat{\beta}_0 + \hat{\beta}_1 x_0 = 66.29\ (\mathrm{kg}).$$

进一步, 用 (9.3.1) 计算得到

$$\hat{\sigma} = 3.847.$$

利用 $t_{0.05}(96) = \mathrm{TINV}(0.1, 96) = 1.66$, 根据上述预测区间的公式, 置信度为 90% 时,

$$y_0 \in (59.98, 72.75).$$

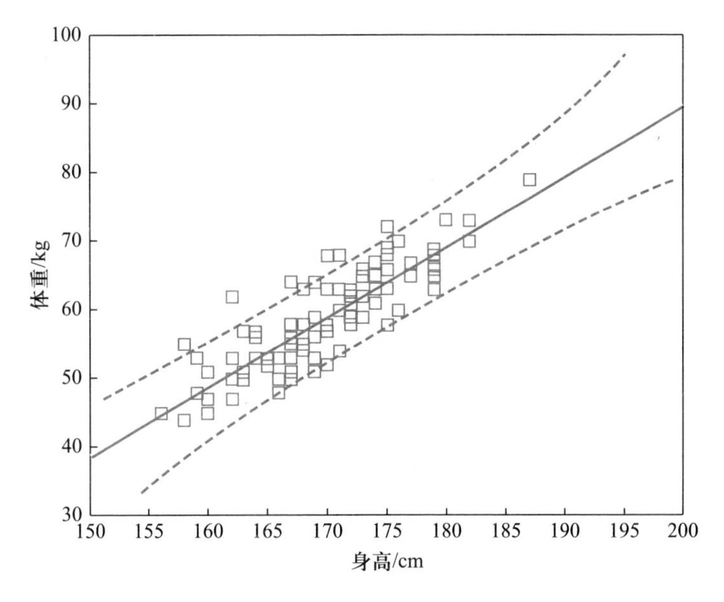

图 9.3 回归预测区间

图 9.3 作出了回归分析的区间估计. 其中方块是原始数据, 中间一条实线是 $x_0 \in (150, 200)$ 时 y_0 的估计值, 上下两条虚线是估计区间的上下界, 绝大部分样本数据在估计区间内. 可以看出, 在 $x_0 = \bar{x} = 170$ 附近估计区间最窄, 随着 x_0 偏离 $\bar{x}$ 越远, 估计区间越宽. □

习题

1. 下表为关于某产品水分含量 x 与成品密度 y 的观测数据:

x	5	6	7	10	12	15	18	20
y	7.4	9.3	10.6	15.4	18.1	22.2	24.1	24.8

(1) 画出散点图;

(2) 求 x 与 y 的相关系数;

(3) 求线性拟合直线.

2. 在国民经济中, 工业总产值 x 与货运量 y 之间有着密切关系, 下表列出了 2001 — 2010 年某地区货运量与工业总产值的统计资料:

x 亿万元	2.8	2.9	3.2	3.2	3.4	3.2	3.3	3.7	3.9	4.2
y/亿吨	25	27	29	32	34	36	35	39	42	45

(1) 画出散点图;

(2) 计算这两组变量的相关系数;

(3) 求出回归直线.

3. 在 500 °C、干氧状态下对某种金属物质的腐蚀物进行了研究. 在实验中, 将在各个接触周期后测量的物质重量的增加量作为与样本发生反应的氧气量. 数据如下:

时间/h	1.0	2.0	2.5	3.0	3.5	4.0
增加百分数	0.02	0.03	0.035	0.042	0.05	0.054

(1) 画出散点图;

(2) 作出线性拟合曲线;

(3) 当接触 3.2 h 后, 预测物质重量增加的百分数.

4. 下表为 1991—2010 年中国的国内生产总值 (GDP) 数据 (单位: 万亿元人民币).

(1) 画出年份与 GDP 的散点图, 分析是否为线性函数关系?

(2) 若不是线性函数关系, 猜测非线性函数关系式, 用适当变换转化为线性函数;

(3) 建立年份与 GDP 之间的拟合函数, 并据此估计 2012 年中国的 GDP.

年份	1991	1992	1993	1994	1995	1996	1997	1998	1999	2000
GDP	2.2	2.7	3.6	4.8	6.1	7.2	7.9	8.5	9.0	10.0
年份	2001	2002	2003	2004	2005	2006	2007	2008	2009	2010
GDP	11.0	12.1	13.7	16.1	18.6	21.8	26.8	31.7	34.6	40.9

5. 下表列出了 2004—2015 年美元指数与黄金价格 (单位: 美元/盎司) 的数据, 试分析两者之间的关系, 建立回归模型.

年份	2004	2005	2006	2007	2008	2009	2010	2011	2012	2013	2014	2015
美元指数	82	91	84	76	81	77	79	80	80	80	90	99
黄金价格	438	517	637	834	882	1097	1418	1597	1663	1206	1193	1062

6. 验证

$$SSE = \frac{L_{xx}L_{yy} - L_{xy}^2}{L_{xx}}.$$

7. 下列数据为参加一个快速阅读项目的 10 个学生的阅读速度增加值 (单位: 单词数/分) 与周数的关系.

周数	2	3	8	11	4	5	9	7	5	7
速度增加值	21	42	102	130	52	57	105	85	62	90

(1) 画出散点图, 观察是否有线性关系;

(2) 求出回归系数的最小二乘估计量;

(3) 一学生计划参加项目 7 周, 估计其期望阅读速度增加值;

(4) 检验模型的显著性.

8. 下表是关于 1970 年至 1983 年各年太阳黑子的数量与当年机动车事故死亡人数 (单位: 千人) 的数据. 检验假设: 机动车事故死亡人数与太阳黑子数量无关.

年份	太阳黑子数	机动车事故死亡人数/千人	年份	太阳黑子数	机动车事故死亡人数/千人
1970	165	54.6	1977	83	50.1
1971	89	53.3	1978	109	52.4
1972	55	56.3	1979	127	52.5
1973	34	49.6	1980	153	53.2
1974	9	47.1	1981	112	51.4
1975	30	45.9	1982	80	46
1976	59	48.5	1983	45	44.6

9. 对于一元线性回归模型 (9.1.4), 假设随机误差 $\varepsilon_1, \varepsilon_2, \cdots, \varepsilon_n \sim N(0, \sigma^2)$ 且相互独立, 证明 $\overline{y}$ 与 $\hat{\beta}_1$ 不相关.

10. “回归” 是由英国著名生物学家兼统计学家高尔顿 (Francis Galton, 1822—1911. 生物学家达尔文的表弟) 在研究人类遗传问题时提出来的. 为了研究父代与子代身高的关系, 高尔顿收集了 1078 对父亲及其儿子的身高数据. 他发现这些数据的散点图大致呈直线状态, 也就是说, 总的趋势是父亲的身高增加时, 儿子的身高也倾向于增加. 但是, 高尔顿对试验数据进行了深入的分析, 发现了一个很有趣的现象 —— 回归效应. 因为当父亲身高高于平均身高时, 他的儿子身高比他更高的概率要小于比他更矮的概率; 父亲身高矮于平均身高时, 他的儿子身高比他更矮的概率要小于比他更高的概率. 它反映了一个规律, 即儿子的身高有向其父辈的平均身高回归的趋势. 对于这个一般结论的解释是: 大自然具有一种约束力, 使人类身高的分布相对稳定而不产生两极分化, 这就是所谓的回归效应.

这个现象可以用下列简单的模型来解释. 设线性回归模型

$$y=\alpha+\beta x+\varepsilon,$$

其中 $0<\beta<1$. 证明: 若 $x<\dfrac{\alpha}{1-\beta}$, 那么 $x<E(y)<\dfrac{\alpha}{1-\beta}$; 若 $x>\dfrac{\alpha}{1-\beta}$, 那么 $x>E(y)>\dfrac{\alpha}{1-\beta}$. 从而 $E(y)$ 总是介于 x 与 $\dfrac{\alpha}{1-\beta}$ 之间.

11. 对没有截距项的一元回归模型

$$y_i=\beta x_i+\varepsilon_i, i=1,2,\cdots,n.$$

试证明:

(1) 应用方程组 (9.1.5) 可以得到 β 的两个不同的估计量

$$\hat{\beta}_1=\frac{\sum\limits_{i=1}^{n} y_i}{\sum\limits_{i=1}^{n} x_i},\quad \hat{\beta}_2=\frac{\sum\limits_{i=1}^{n} x_i y_i}{\sum\limits_{i=1}^{n} x_i^2};$$

(2) 若误差 ε_i 均为零均值随机变量, 则 $\hat{\beta}_1$ 与 $\hat{\beta}_2$ 均为 β 的无偏估计量;

(3) 拟合直线 $\hat{y}=\hat{\beta}_1 x$ 会经过均值点 $(\bar{x},\bar{y})$, 但拟合直线 $\hat{y}=\hat{\beta}_2 x$ 通常不会;

(4) 只有 $\hat{\beta}_2$ 是 β 的最小二乘估计量.

12. ★ 在问题 7 中, 求

(1) 回归系数估计量的方差;

(2) 给出置信度为 90% 时回归系数的置信区间.

13. ★ 证明关于一元线性回归模型 (9.1.4) 回归系数 β_1 的 F 检验与 t 检验等价. 具体地说, β_1 的 $100(1-\alpha)\%$ 置信区间

$$\left(\hat{\beta}_1-t_{\frac{\alpha}{2}}(n-2)\frac{\hat{\sigma}}{\sqrt{L_{xx}}},\hat{\beta}_1+t_{\frac{\alpha}{2}}(n-2)\frac{\hat{\sigma}}{\sqrt{L_{xx}}}\right)$$

包含 0 点, 当且仅当样本落入显著性水平为 α 的 F 检验的接受域

$$F=\frac{SSR}{SSE/(n-2)}<F_\alpha(1,n-2).$$

14. ★ 推导关于一元线性回归模型 (9.1.4) 常数项 β_0 的显著性检验 $H_0:\beta_0=0, H_1:\beta_0\neq 0$ 的 p 值计算公式.

15. ★ 根据第 1 章例 1.0.1 的身高、体重数据, 以体重为自变量, 身高为因变量, 建立一元线性回归模型, 根据回归方程给出体重为 62 kg 的男生身高的估计值和 90% 置信度的区间估计.

16. ★ 要分析学生的微积分成绩对概率统计学习有什么影响, 随机抽取 10 名学生, 记录两门课程考试成绩如下表:

学生编号	1	2	3	4	5	6	7	8	9	10
微积分成绩	63	67	45	88	81	71	52	99	58	76
概率统计成绩	75	72	72	93	90	57	68	88	62	80

(1) 画出散点图;

(2) 计算微积分成绩与概率统计成绩的相关系数;

(3) 如果微积分成绩与概率统计成绩之间具有线性相关关系, 求出一元线性回归方程, 并检验回归系数的显著性;

(4) 若某学生微积分成绩为 80 分, 试给出他概率统计成绩的 95% 预测区间.

附表

附表 A1　标准正态分布表

$$\Phi(x)=\frac{1}{\sqrt{2\pi}}\int_{-\infty}^{x}\mathrm{e}^{\frac{-y^2}{2}}\mathrm{d}y$$

x	0.00	0.01	0.02	0.03	0.04	0.05	0.06	0.07	0.08	0.09
0.0	0.5000	0.5040	0.5080	0.5120	0.5160	0.5199	0.5239	0.5279	0.5319	0.5359
0.1	0.5398	0.5438	0.5478	0.5517	0.5557	0.5596	0.5636	0.5675	0.5714	0.5753
0.2	0.5793	0.5832	0.5871	0.5910	0.5948	0.5987	0.6026	0.6064	0.6103	0.6141
0.3	0.6179	0.6217	0.6255	0.6293	0.6331	0.6368	0.6406	0.6443	0.6480	0.6517
0.4	0.6554	0.6591	0.6628	0.6664	0.6700	0.6736	0.6772	0.6808	0.6844	0.6879
0.5	0.6915	0.6950	0.6985	0.7019	0.7054	0.7088	0.7123	0.7157	0.7190	0.7224
0.6	0.7257	0.7291	0.7324	0.7357	0.7389	0.7422	0.7454	0.7486	0.7517	0.7549
0.7	0.7580	0.7611	0.7642	0.7673	0.7704	0.7734	0.7764	0.7794	0.7823	0.7852
0.8	0.7881	0.7910	0.7939	0.7967	0.7995	0.8023	0.8051	0.8078	0.8106	0.8133
0.9	0.8159	0.8186	0.8212	0.8238	0.8264	0.8289	0.8315	0.8340	0.8365	0.8389
1.0	0.8413	0.8438	0.8461	0.8485	0.8508	0.8531	0.8554	0.8577	0.8599	0.8621
1.1	0.8643	0.8665	0.8686	0.8708	0.8729	0.8749	0.8770	0.8790	0.8810	0.8830
1.2	0.8849	0.8869	0.8888	0.8907	0.8925	0.8944	0.8962	0.8980	0.8997	0.9015
1.3	0.9032	0.9049	0.9066	0.9082	0.9099	0.9115	0.9131	0.9147	0.9162	0.9177
1.4	0.9192	0.9207	0.9222	0.9236	0.9251	0.9265	0.9279	0.9292	0.9306	0.9319
1.5	0.9332	0.9345	0.9357	0.9370	0.9382	0.9394	0.9406	0.9418	0.9429	0.9441
1.6	0.9452	0.9463	0.9474	0.9484	0.9495	0.9505	0.9515	0.9525	0.9535	0.9545
1.7	0.9554	0.9564	0.9573	0.9582	0.9591	0.9599	0.9608	0.9616	0.9625	0.9633
1.8	0.9641	0.9649	0.9656	0.9664	0.9671	0.9678	0.9686	0.9693	0.9699	0.9706
1.9	0.9713	0.9719	0.9726	0.9732	0.9738	0.9744	0.9750	0.9756	0.9761	0.9767
2.0	0.9772	0.9778	0.9783	0.9788	0.9793	0.9798	0.9803	0.9808	0.9812	0.9817
2.1	0.9821	0.9826	0.9830	0.9834	0.9838	0.9842	0.9846	0.9850	0.9854	0.9857
2.2	0.9861	0.9864	0.9868	0.9871	0.9875	0.9878	0.9881	0.9884	0.9887	0.9890
2.3	0.9893	0.9896	0.9898	0.9901	0.9904	0.9906	0.9909	0.9911	0.9913	0.9916
2.4	0.9918	0.9920	0.9922	0.9925	0.9927	0.9929	0.9931	0.9932	0.9934	0.9936
2.5	0.9938	0.9940	0.9941	0.9943	0.9945	0.9946	0.9948	0.9949	0.9951	0.9952
2.6	0.9953	0.9955	0.9956	0.9957	0.9959	0.9960	0.9961	0.9962	0.9963	0.9964
2.7	0.9965	0.9966	0.9967	0.9968	0.9969	0.9970	0.9971	0.9972	0.9973	0.9974
2.8	0.9974	0.9975	0.9976	0.9977	0.9977	0.9978	0.9979	0.9979	0.9980	0.9981
2.9	0.9981	0.9982	0.9982	0.9983	0.9984	0.9984	0.9985	0.9985	0.9986	0.9986
3.0	0.9987	0.9987	0.9987	0.9988	0.9988	0.9989	0.9989	0.9989	0.9990	0.9990
3.1	0.9990	0.9991	0.9991	0.9991	0.9992	0.9992	0.9992	0.9992	0.9993	0.9993
3.2	0.9993	0.9993	0.9994	0.9994	0.9994	0.9994	0.9994	0.9995	0.9995	0.9995
3.3	0.9995	0.9995	0.9995	0.9996	0.9996	0.9996	0.9996	0.9996	0.9996	0.9997
3.4	0.9997	0.9997	0.9997	0.9997	0.9997	0.9997	0.9997	0.9997	0.9997	0.9998

附表 A2　χ^2 分布上侧 α 分位数 $\chi^2_\alpha(n)$ 表

n	$\alpha=0.995$	$\alpha=0.99$	$\alpha=0.975$	$\alpha=0.95$	$\alpha=0.05$	$\alpha=0.025$	$\alpha=0.01$	$\alpha=0.005$
1	0.0000393	0.000157	0.000982	0.00393	3.841	5.024	6.635	7.879
2	0.0100	0.0201	0.0506	0.103	5.991	7.378	9.210	10.597
3	0.0717	0.115	0.216	0.352	7.815	9.348	11.345	12.838
4	0.207	0.297	0.484	0.711	9.488	11.143	13.277	14.860
5	0.412	0.554	0.831	1.145	11.070	12.832	13.086	16.750
6	0.676	0.872	1.237	1.635	12.592	14.449	16.812	18.548
7	0.989	1.239	1.690	2.167	14.067	16.013	18.475	20.278
8	1.344	1.646	2.180	2.733	15.507	17.535	20.090	21.955
9	1.735	2.088	2.700	3.325	16.919	19.023	21.666	23.589
10	2.156	2.558	3.247	3.940	18.307	20.483	23.209	25.188
11	2.603	3.053	3.816	4.575	19.675	21.920	24.725	26.757
12	3.074	3.571	4.404	5.226	21.026	23.337	26.217	28.300
13	3.565	4.107	5.009	5.892	22.362	24.736	27.688	29.819
14	4.075	4.660	5.629	6.571	23.685	26.119	29.141	31.319
15	4.601	5.229	6.262	7.261	24.996	27.488	30.578	32.801
16	5.142	5.812	6.908	7.962	26.296	28.845	32.000	34.267
17	5.697	6.408	7.564	8.672	27.587	30.191	33.409	35.718
18	6.265	7.015	8.231	9.390	28.869	31.526	34.805	37.156
19	6.844	7.633	8.907	10.117	30.144	32.852	36.191	38.582
20	7.434	8.260	9.591	10.851	31.410	34.170	37.566	39.997
21	8.034	8.897	10.283	11.591	32.671	35.479	38.932	41.401
22	8.643	9.542	10.982	12.338	33.924	36.781	40.289	42.796
23	9.260	10.196	11.689	13.091	35.172	38.076	41.638	44.181
24	9.886	10.856	12.401	13.484	36.415	39.364	42.980	45.558
25	10.520	11.524	13.120	14.611	37.652	40.646	44.314	46.928
26	11.160	12.198	13.844	15.379	38.885	41.923	45.642	48.290
27	11.808	12.879	14.573	16.151	40.113	43.194	46.963	49.645
28	12.461	13.565	15.308	16.928	41.337	44.461	48.278	50.993
29	13.121	14.256	16.047	17.708	42.557	45.772	49.588	52.336
30	13.787	14.953	16.791	18.493	43.773	46.979	50.892	53.672

附表 A3 t 分布上侧 α 分位数 $t_\alpha(n)$ 表

n	$\alpha=0.10$	$\alpha=0.05$	$\alpha=0.025$	$\alpha=0.01$	$\alpha=0.005$
1	3.078	6.314	12.706	31.821	63.657
2	1.886	2.920	4.303	6.965	9.925
3	1.638	2.353	3.182	4.541	5.841
4	1.533	2.132	2.776	3.474	4.604
5	1.476	2.015	2.571	3.365	4.032
6	1.440	1.943	2.447	3.143	3.707
7	1.415	1.895	2.365	2.998	3.499
8	1.397	1.860	2.306	2.896	3.355
9	1.383	1.833	2.262	2.821	3.250
10	1.372	1.812	2.228	2.764	3.169
11	1.363	1.796	2.201	2.718	3.106
12	1.356	1.782	2.179	2.681	3.055
13	1.350	1.771	2.160	2.650	3.012
14	1.345	1.761	2.145	2.624	2.977
15	1.341	1.753	2.131	2.602	2.947
16	1.337	1.746	2.120	2.583	2.921
17	1.333	1.740	2.110	2.567	2.898
18	1.330	1.734	2.101	2.552	2.878
19	1.328	1.729	2.093	2.539	2.861
20	1.325	1.725	2.086	2.528	2.845
21	1.323	1.721	2.080	2.518	2.831
22	1.321	1.717	2.074	2.508	2.819
23	1.319	1.714	2.069	2.500	2.807
24	1.318	1.711	2.064	2.492	2.797
25	1.316	1.708	2.060	2.485	2.787
26	1.315	1.706	2.056	2.479	2.779
27	1.314	1.703	2.052	2.473	2.771
28	1.313	1.701	2.048	2.467	2.763
29	1.311	1.699	2.045	2.462	2.756
∞	1.282	1.645	1.960	2.326	2.576

附表 A4　F 分布上侧分位数 $F_{0.05}(n,m)$ 表

$m=$ 分母自由度	$n=$ 分子自由度				
	1	2	3	4	5
1	161	200	216	225	230
2	18.50	19.00	19.20	19.20	19.30
3	10.10	9.55	9.28	9.12	9.01
4	7.71	6.94	6.59	6.39	6.26
5	6.61	5.79	5.41	5.19	5.05
6	5.99	5.14	4.76	4.53	4.39
7	5.59	4.74	4.35	4.12	3.97
8	5.32	4.46	4.07	3.84	3.69
9	5.12	4.26	3.86	3.63	3.48
10	4.96	4.10	3.71	3.48	3.33
11	4.84	3.98	3.59	3.36	3.20
12	4.75	3.89	3.49	3.26	3.11
13	4.67	3.81	3.41	3.18	3.03
14	4.60	3.74	3.34	3.11	2.96
15	4.54	3.68	3.29	3.06	2.90
16	4.49	3.63	3.24	3.01	2.85
17	4.45	3.59	3.20	2.96	2.81
18	4.41	3.55	3.16	2.93	2.77
19	4.38	3.52	3.13	2.90	2.74
20	4.35	3.49	3.10	2.87	2.71
21	4.32	3.47	3.07	2.84	2.68
22	4.30	3.44	3.05	2.82	2.66
23	4.28	3.42	3.03	2.80	2.64
24	4.26	3.40	3.01	2.78	2.62
25	4.24	3.39	2.99	2.76	2.60
30	4.17	3.32	2.92	2.69	2.53
40	4.08	3.23	2.84	2.61	2.45
60	4.00	3.15	2.76	2.53	2.37
120	3.92	3.07	2.68	2.45	2.29
∞	3.84	3.00	2.60	2.37	2.21

附表 B 本书使用的 Excel 统计函数索引

页码	名称	数学表达	Excel 2007 及以下	Excel 2010 及以上
20	样本均值	$\bar{x}$	AVERAGE(x)	同 Excel 2007
20	样本中位数	略	MEDIAN(x)	同 Excel 2007
20	样本方差	s^2	VAR(x)	VAR.S(x)
21	样本标准差	s	STDEV(x)	STDEV.S(x)
22	样本分位数	略	PERCENTILE(x,p)	PERCENTILE.INC(x,p)
26	样本协方差	s_{xy}	COVAR(x,y)	COVARIANCE.S(x,y)
26	样本相关系数	r_{xy}	CORREL(x,y)	同 Excel2007
98	二项分布律	$\mathrm{C}_n^k p^k \cdot (1-p)^{n-k}$	BINOMDIST($k,n,p,0$)	BINOM.DIST($k,n,p,0$)
98	二项分布函数	$\sum_{i=0}^{k} \mathrm{C}_n^k \cdot p^k(1-p)^{n-k}$	BINOMDIST($k,n,p,1$)	BINOM.DIST($k,n,p,1$)
98	二项分布下侧分位数	略	无	BINOM.INV(n,p,概率)
104	泊松分布律	$\frac{\lambda^k}{k!}\mathrm{e}^{-\lambda}$	POISSON($k,\lambda,0$)	POISSON.DIST($k,\lambda,0$)
104	泊松分布函数	$\sum_{i=0}^{k} \frac{\lambda^k}{k!}\mathrm{e}^{-\lambda}$	POISSON($k,\lambda,1$)	POISSON.DIST($k,\lambda,1$)
115	$N(0,1)$ 密度函数	$\phi(x)$	无	NORM.S.DIST(x,0)
116	$N(0,1)$ 分布函数	$\Phi(x)$	NORMSDIST(x)	NORM.S.DIST($x,1$)
116	$N(0,1)$ 下侧分位数	$\Phi^{-1}(p)$	NORMSINV(p)	NORM.S.INV(p)
117	$N(0,1)$ 上侧分位数	z_α	NORMSINV($1-\alpha$)	NORM.S.INV($1-\alpha$)
126	χ^2 分布右侧概率	$P\{\chi_n^2 > x\}$	CHIDIST(x,n)	CHISQ.DIST.RT(x,n)
126	χ^2 分布函数	$P\{\chi_n^2 \leqslant x\}$	无	CHISQ.DIST($x,n,1$)
126	χ^2 分布上侧分位数	$\chi_\alpha^2(n)$	CHIINV(α,n)	CHISQ.INV.RT(α,n)
126	χ^2 分布下侧分位数	$\chi_{1-p}^2(n)$	无	CHISQ.INV(p,n)
127	t 分布右侧概率	$P\{T_n > x\}$	TDIST($x,n,1$)	T.DIST.RT(x,n)
127	t 分布双侧概率	$P\{\|T_n\| > x\}$	TDIST($x,n,2$)	T.DIST.2T(x,n)
127	t 密度函数	略	无	T.DIST($x,n,0$)
127	t 分布函数	$P\{T_n \leqslant x\}$	无	T.DIST($x,n,1$)
128	t 分布双侧分位数	$t_{\alpha/2}(n)$	TINV(α,n)	T.INV.2T(α,n)
128	t 分布上侧分位数	$t_\alpha(n)$	TINV($2\alpha,n$)	T.INV.RT(α,n)
128	t 分布下侧分位数	$t_{1-p}(n)$	无	T.INV(p,n)
129	F 分布右侧概率	$P\{F_{n,m} > x\}$	FDIST(x,n,m)	F.DIST.RT(x,n,m)
129	F 密度函数	略	无	F.DIST($x,n,m,0$)
129	F 分布函数	$P\{F_{n,m} \leqslant x\}$	无	F.DIST($x,n,m,1$)
129	F 分布上侧分位数	$F_\alpha(n,m)$	FINV(α,n,m)	F.INV.RT(α,n,m)
129	F 分布下侧分位数	$F_{1-p}(n,m)$	无	F.INV(p,n,m)
143	$(0,1)$ 均匀随机数	略	RAND()	同 Excel 2007
143	$N(0,1)$ 随机数	略	NORMSINV((RAND())	NORM.S.INV((RAND())

附表 C 二维码补充的网络资料列表

编号	内容	资料类型	二维码页码
1	例 1.0.1Excel 演示	视频	2
2	例 1.0.2Excel 演示	视频	5
3	概率论的起源与发展	文字	6
4	例 2.1.1Excel 演示	视频	12
5	例 2.1.3Excel 演示	视频	14
6	例 2.2.7Excel 演示	视频	20
7	例 2.2.8Excel 演示	视频	22
8	例 2.2.10Excel 演示	视频	26
9	第 3 章补充例题与习题	文字	59
10	二维连续型随机变量的补充知识	文字	74
11	数学期望的存在性条件	文字	76
12	第 4 章补充例题与习题	文字	95
13	二项分布计算 Excel 演示	视频	98
14	泊松分布计算 Excel 演示	视频	104
15	几何分布与超几何分布	文字	109
16	标准正态分布计算 Excel 演示	视频	115
17	二维均匀分布与二维正态分布	文字	124
18	χ^2 分布计算 Excel 演示	视频	125
19	t 分布计算 Excel 演示	视频	128
20	F 分布计算 Excel 演示	视频	129
21	第 5 章补充例题与习题	文字	134
22	定理 6.2.1 的严格证明	文字	140
23	例 6.3.1Excel 演示	视频	143
24	例 6.3.2Excel 演示	视频	143
25	用蒙特卡罗方法演示中心极限定理	视频	144
26	矩估计法	文字	166
27	区间估计的补充知识	文字	171
28	第 7 章补充例题与习题	文字	173
29	假设检验的两类错误	文字	176
30	假设检验的补充知识	文字	191
31	第 8 章补充例题与习题	文字	193
32	定理 9.3.1 的严格证明	文字	206